上海市设计学 IV 类高峰学科资助项目
Shanghai Design IV Peak Discipline Funding Project

面料 The Fabric
改造与设计

万芳 著

Modification and Design

辽宁美术出版社
Liaoning Fine Arts Publishing House

图书在版编目（CIP）数据

面料改造与设计 / 万芳著. — 沈阳 ：辽宁美术出版社，2021.7
ISBN 978-7-5314-9045-6

Ⅰ．①面… Ⅱ．①万… Ⅲ．①服装面料－设计 Ⅳ．①TS941.41

中国版本图书馆CIP数据核字(2021)第178438号

出 版 者：辽宁美术出版社
地　　址：沈阳市和平区民族北街29号　　　邮编：110001
发 行 者：辽宁美术出版社
印 刷 者：辽宁一诺广告印务有限公司
开　　本：889mm×1194mm　　1/16
印　　张：9
字　　数：100千字
出版时间：2021年7月第1版
印刷时间：2021年7月第1次印刷
责任编辑：彭伟哲
责任校对：郝　刚
封面设计：王艺潼
版式设计：万　芳
书　　号：ISBN 978-7-5314-9045-6
定　　价：59.00元

邮购部电话：024-83833008
E-mail：lnmscbs@163.com
http://www.lnmscbs.cn
图书如有印装质量问题请与出版部联系调换
出版部电话：024-23835227

前言 >>

面料改造也称面料二次设计，简单地说，就是通过其他工艺或素材，对现有面料外观肌理进行再设计，使得面料在图案、纹理、光泽等方面呈现出新的样式。面料改造和设计，被看作是服装创新设计过程中非常必要且重要的环节。因此，面料改造也时常被称为创意面料设计。

本书大体分为两个部分、五个章节。前一部分，即第一章和第二章，旨在梳理设计、服装设计、面料设计与创意设计的关系，方便大家理解面料改造与创意设计的关系。第二部分，即第三章、第四章与第五章，从创意面料改造的思路入手，对不同改造手段进行详细说明，并对某些特殊材料的改造方式进行了特别说明。

本书在编写过程中，征集了大量东华大学服装与艺术设计学院中日合作班历届学生的相关作业，作为辅助说明案例，作者与作品名在图例中均有标示。在此，由衷感谢同学们对教材编写的支持。

目录
Contents

Chapter Ⅱ

第二章 创意与创意设计

024 第一节 如何理解创意设计
    一、对创意和再创新的理解
    二、由"旧"创"新"的不同方式——案例学习

032 第二节 创意设计的步骤和原则
    一、创意设计的原则
    二、灵感与调研
    三、拓展与实现

Chapter Ⅰ

第一章 设计与面料设计

008 第一节 设计与服装设计
    一、什么是设计
    二、服装设计及其构成要素

014 第二节 面料创意设计的意义
    一、纺织品与纺织品设计
    二、如何理解面料改造设计

Chapter Ⅲ

第三章 面料创意改造设计的思路和原则

052 第一节 面料创意改造设计的思路
    一、外观肌理模仿及再创造
    二、构成形式模仿与创新
    三、素材替代及再处理

062 第二节 面料创意改造的原则
    一、服务于主题
    二、服务于服装

Chapter IV

第四章　面料创意改造的常规手法

073　第一节　绣、绗、镶
　　　　　一、线绣与珠绣
　　　　　二、绗缝与镶嵌

084　第二节　绘、印
　　　　　一、涂绘与喷绘
　　　　　二、模印与拓印

094　第三节　镂、抽
　　　　　一、镂空
　　　　　二、抽纱

104　第四节　编、叠
　　　　　一、编与织
　　　　　二、折叠与层叠

Chapter V

第五章　特殊类型材料的改造方法

120　第一节　羊毛纤维
　　　　　一、羊毛纤维性能
　　　　　二、湿毡工艺
　　　　　三、针毡工艺

128　第二节　非常规服用新型材料
　　　　　一、非常规服用新型材料的类型
　　　　　二、新型材料的特殊改造设计手法

142　参考文献

第一章

设计与面料设计

CHAPTER I
Section
1/ Design
and Fashion
Design

本章学习目的：

　　①在了解设计与服装设计概念的基础上，了解服装设计构成要素及其相互关系；

　　②通过厘清"纺织品设计""面料设计""面料二次设计"等概念的异同，理解面料二次设计的内容及重要性。

第一节　设计与服装设计

一、什么是设计

1. 设计概念的内涵和外延

　　所谓"设计"，广义的理解即设想和计划，设想即目的，而计划则是为了完成目的而设定的安排。因此，设计可被简单理解为一个行为过程：首先是根据需求预设目标或结果，即"设想"，再围绕目标进行相关任务的计划和安排。通过分化任务的执行和完成，最终走向任务交付，即满足最初的设计"需求"。

　　从"目的"和"安排"层面来看，其实我们每个人都是自己生活的设计师，而我们每天的生活是由若干个"设计活动"所构成。

　　比如，"吃什么"是我们每天都要进行的设计活动之一。如果是一人食，满足的是个人当日的胃口、预计用餐时间以及经济预算等需求，即为"目的"。而针对某一"目的"，我们可能进行的安排和选择包括食量、风味、价格、购买途径、完成时间等因素。

　　可以说，再微不足道的事情，如果希望有好的结果，都需要思考很多细节，做出正确的选择，并且完整执行。

所以，也许我们还未系统化地学习设计，但在我们过去的生活中，每个人都一定有过真实的设计体验和感受。

狭义的"设计"概念，被定义为一种"有目的和计划的创作活动"，是一门应用艺术专业，包括"建筑设计""环境设计""工业设计""平面设计""服装设计"等。

相对于个人对自己生活的安排而言，设计师的工作目的是满足他人心理和生理的诸多应用需求，相关工作具有艺术性和技术性的双重要求。因此，专业设计所涉及的计划、安排更为复杂，需要更多专业知识和技能来实现。

必须强调的是，设计师的工作需要兼顾"艺术性"和"技术性"，本质上与单纯追求艺术性的艺术家不同，也与着重强调技术性的工匠不同。因而，设计师的创意和创新有艺术创新和技术创新两个层面要求。

将"设计"定位为"应用艺术"，将"设计师"区别于"艺术家"或"工匠"，是近代包豪斯设计运动的结果。

2. 包豪斯设计理念

包豪斯的设计理论，奠定了现代设计专业构架，对近代不同门类的设计专业发展，影响至深（图1-1、图1-2）。

我们可以简要地从六个方面来理解其理论的核心内容（图1-3）：

（1）设计是一种态度。

（2）设计是"艺术"和"技术"的结合与统一。

（3）设计是以实现某一目的为目标，对概念、技术的周密安排。

（4）设计的目的是人，而不是产品本身。

（5）设计是对包括社会、人文、经济、科技、心理学在内的多种因素综合考虑的结果，且这种结果能被纳入工业化生产体系。

（6）设计过程是将虚构的图像转化为具体的对象（产品）。

图1-1　包豪斯设计学院的创始人、德国建筑设计师瓦尔特·格罗皮乌斯（Walter Gropius，1883—1969）

图1-2　包豪斯学院所聘请的设计老师

"The design is not on the product surface decoration, but on the basis of a variety of factors, the social, human, economic, technology, art and psychology together, so that it can be incorporated into the industrial production the design of the track, the idea and plan technology products."

—— Moholy-Nagy László

图1-3　包豪斯先锋艺术家拉兹洛·莫霍利·纳吉（Moholy-Nagy Laszlo，1895—1946）语录

尽管包豪斯设计理论主要来自对建筑及工业设计的探索和研究，但其有关设计本质的核心理论，对其他设计专业具有同样重要的指导意义。此外，包豪斯设计运动对应用设计的贡献还在于其对设计基础教育的内容及方式的深入探讨。

包豪斯学院的教学结构以同心圆的形式构成，最外圈为第一年的基础训练（Preliminary Course）（图1-4）。这一年的基础训练，旨在引导学生通过不同课程来理解颜色、形状和材料等设计要素。

这些课程多由视觉艺术家主讲，如保罗·克利（Paul Klee，1879—1940）、瓦西里·康定斯基（Wassily Wassilyevich Kandinsky，1866—1944）和约瑟夫·阿尔伯斯（Josef Albers，1888—1976）等著名艺术家。

课程设置的目的在于，在培养学生的艺术修养和审美的同时，引发学生的自我认知，即发现自我的喜好和态度倾向。

而后，根据个人的兴趣及特长，学生们以"学徒"的身份进入不同的"大师工作坊"，这些工作坊以材料或工艺来分类，如金属加工（Metalworking）、家具制作（Cabinetmaking）、编织（Weaving）、陶器（Pottery）、印刷（Typography）和墙壁绘画（Wall Painting）等。在"大师工作坊"的学习，要求每位学生对材料和相应技术进行沉浸式的深入学习，并在规定的时间内通过"学徒"考试。

这一阶段的教育可以看作是对未来"设计师们"工匠精神的培养，以此强化设计师对技艺的了解和探索。

示意图的中心区域是建筑、工程和建筑核心设计。这一阶段则要求学生在前期"艺术"与"技术"学习的基础上，将所学的技能运用到实际建筑设计中，从而进行设计实践。

可见，包豪斯学院的设计教育核心，在于通过不同的阶段性教学，鼓励学生们带着永不满足

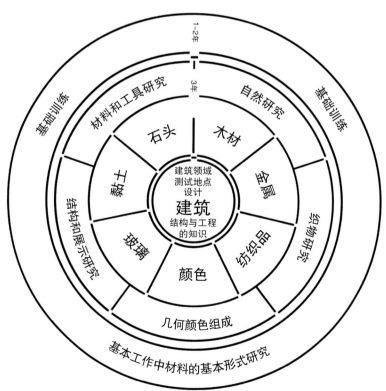

图1-4 包豪斯学院的教学结构示意图，由创始人瓦尔特·格罗皮乌斯（Walter Gropius）于1922年提出

的好奇心，通过实验、生产、绘画和探索，来学习设计。

值得一提的是，包豪斯的众多工作室中，也有纺织工作坊（Textile Workshop）。该工作坊由既是设计师也是织工的大师冈塔·斯托尔茨（Gunta Stölzl，1897—1983）指导，学生们在这里学习色彩理论、图案设计以及编织方面的技术和知识。

在冈塔的指导下，学生们创造了大量适合装饰在包豪斯设计风格空间中的抽象图案纺织品。来自纺织工作坊的创意设计织物，一度在商业市场中取得了成功，还为包豪斯学院在困难时期提供了至关重要和急需的资金。

冈塔鼓励学生用非常规的材料进行实验，比如玻璃纸、玻璃纤维和金属等（图1-5）。该工作室培养了许多著名的纺织艺术家，包括安妮·阿尔伯斯（Anni Albers，1899—1994）等。

在包豪斯所倡导的艺术与技术结合的设计理念中，材料一直都是贯穿始终的学习线索。

只有了解和驾驭材料及其相应工艺，设计师才能真正做到在服务于他人需求的同时，表达自我的设计和生活态度，才能真正将平面的图像转换为立体的实物，从而真正将艺术与技术相结合。

二、服装设计及其构成要素

1. 服装设计的目的

如前述，现代设计包含"建筑设计""环境设计""工业设计""平面设计""服装设计"等不同专业。无论什么专业，设计或计划安排的主体内容，都具有一定的共性，而这些内容又或是被称为"构成要素"，即造型要素、色彩要素、材料要素。

虽然各个门类设计的最终目的都在于"服务

图1-5　20世纪20年代包豪斯学校举办的派对。派对中，学生们集体展示了自己用不同非常规服用材料设计、制作的创意服装

于人"，但服装设计所服务的"人"，有更为具象的层面和抽象的层面。

所谓具象的"人"，就是服装首先要服务于人体本身，其设计目的首先是"保护""修饰"和"装饰"人体，进而美化人们的生活，也就是服装设计目的抽象层面。

其中，"保护"和"修饰"的目的对设计提出了技术层面的要求，要求设计师在产品的用料、结构等方面"以人为本"，同时满足功能及美观的需求。而"装饰性"目的，则对设计提出了艺术性层面的要求。也就是要求设计师能创造性地满足人们在风格审美、生活态度等方面的诉求。

因此，服务于"人体"和"人的生活"，是服装设计的终极目标。

2. 服装设计的内容

在明确服装设计目的的基础上，我们再来看看服装设计的具体内容有哪些。与其他类型设计一样，服装的设计内容依旧是造型、色彩及材料，即服装构成的三大要素。

其中，服装造型又可细分为服装外轮廓造型及内部局部结构造型；而色彩除单一色彩的色相、明度及纯度外，还有整体系列的色调及配色关系等；此外，服装的材料主要可以分为面料和辅料两大类，也包括图案、肌理及工艺等内容。

以上这些元素，只是服装构成的内容，而如何选择元素来构成，就是所谓的"创作"或"安排"。

服装设计创作的过程，犹如"遣词""造句"和"行文"。所谓遣词，就是要选择上述构成要素中的细化内容，再依据自己的语序（即逻辑）组合成句，从而表达和传递设计的"语境"和"语意"，即设计风格与态度。

构成元素中的细化内容就好比我们造句所需要的"单词"，如何选择合适的"词汇"和"语序"来表达态度和审美，是每位设计师需要不断练习和提高的能力。

而对于初学者而言，我们的首要任务应该是学习了解基本的"语法"，并且不断记忆和扩充自己的"单词量"。

在设计过程中，我们需要依据设计主题，对各要素细分内容进行选择、组合和优化，方可形成服装的线条感、比例感、节奏感以及肌理质感，由此形成风格，表达态度，取得使用者的认同，达到设计目的。

服装三大构成元素互为依托，缺一不可。尽管从重要性来说，三者不分伯仲，但材料是造型和色彩的物质载体，也是"虚构的图像转化为具体的对象（产品）"所必要的媒介。款式和穿着形态的实现，依赖于材料本身的物理性能（如垂度、厚度等）和结构工艺辅助；而色彩、图案、肌理等视觉、触觉的呈现，也依附于面料、辅料等物质实体之上（图1-6）。

也可以说，面料辅料的不当设计或选择，必然导致造型和色彩要素的无效表达。此外，相对于造型和色彩而言，材料要素部分的"词汇量"最为庞大，且会随着流行趋势变化和纺织技术发展，而不断更新和扩容。

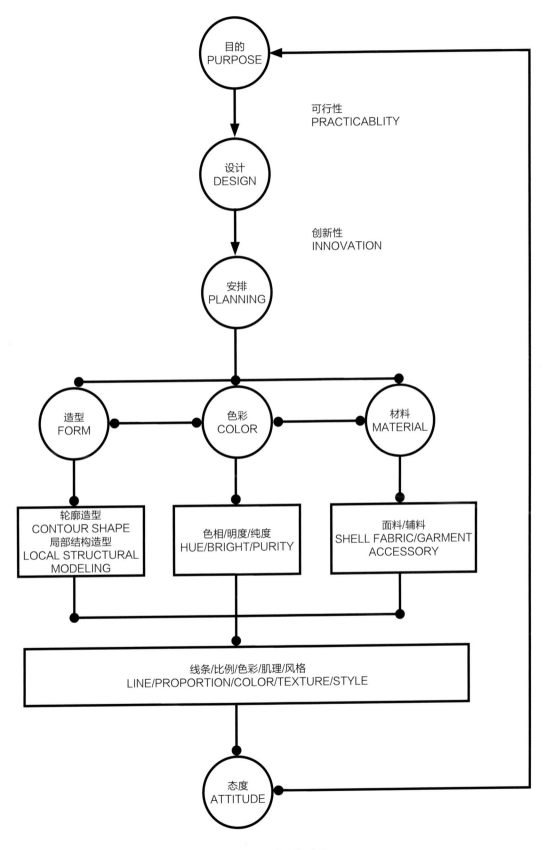

图1-6 服装设计目的及构成元素关系示意图

CHAPTER I
Section
2/ Meaning
of Fabric Creative
Design

第二节 面料创意设计的意义

在深入了解了设计与服装设计的内涵之后,我们不难领会材料对于服装设计的重要意义。本节我们将通过理解一些与面料创意设计相关的名词概念和含义范畴,来了解面料改造的目的及具体内容。

一、纺织品与纺织品设计

说到服装,人们会很自然地想到纺织、纺织品。纺织品与面料、纺织品设计与面料是否等同?有无内容差异?这是在学习面料改造设计之前,我们需要厘清的一些基本概念。

1. 纺织品与面料

纺织(Weave),顾名思义,就是纺纱、织布。

狭义的纺织品(Textile),是指用棉、麻、丝、毛、化纤等经过纺纱和织造而形成的制品。从织造类型看,纺织品有机织织物(Woven,也称梭织织物)、针织织物(Knits)两大类。这两类织物也构成了现代服装材料的主体内容。

随着近代材料技术的不断发展,纺织品的范围也不断扩展，非织造类型材料（Nonwovens）也逐渐被列入纺织品范畴中。

非织造材料，是指不是通过传统纺纱、织布而形成的材料，而是将不同纤维排列成纤网结构，再通过机械、热熔或其他化学方法进行固化而形成的材料。

我们通常将非织造材料称为无纺布。非织造材料所用纤维，包括天然纤维、再生纤维和合成纤维等（图1-7）。

纺织品的应用范围较广，除服装、配饰外，大量家居用品也都使用不同种类的纺织品。

而我们通常所说的"面料"（Fabric），主要是指用来制作服装主体部分所使用的材料。

从织造形式看，面料可分为三类：一是织造类材料，即上述机织织物、针织织物、编织织物等纺织品面料；二是非织造类材料，包括不同类型无纺布、毛皮、皮革以及其他非常规服用类材料。

非常规服用类材料，范围较为广泛，如金属配件、玻璃、假发、报纸等。利用这些材料设计的服装，虽然没有大范围进入工业化生产，但因其有不同的应用场景和需求，也被看作是服装创意设计的一种特殊类型而存在。

因此，若加入非常规服用材料的考量范围，面料的种类较纺织品更为宽泛（图1-8）。

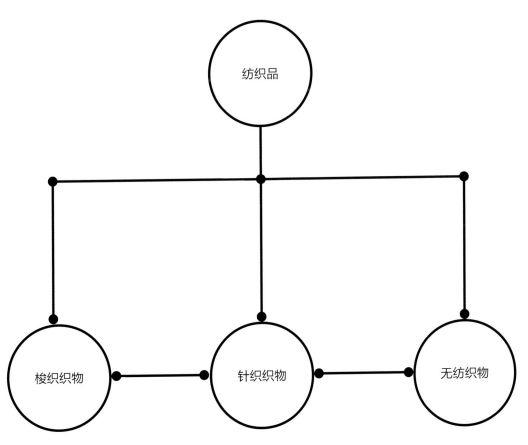

图1-7　纺织品分类示意图

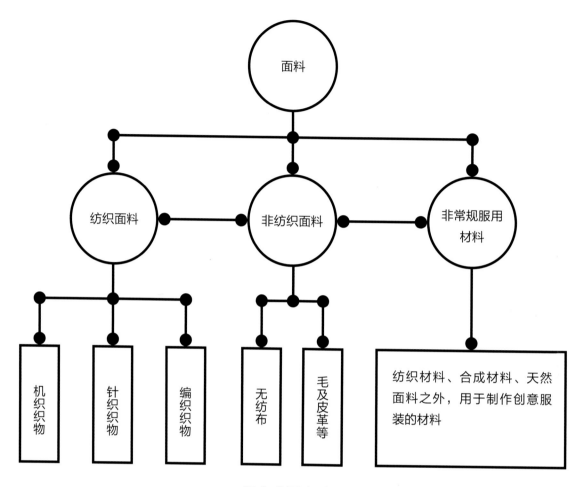

图1-8 面料分类示意图

2. 纺织品设计与面料设计

无论是纺织品设计（Textile Design），还是面料设计（Fabric Design），都具有技术层面和艺术层面两个方面的要求。

所谓技术层面创新，包括纤维创新、纱线创新、织造技术创新以及染整等后道技术的创新。尤其是纤维创新，它是带来材料变革的重要因素，也是服装相关专业中科技含量最高的创新内容（图1-9、图1-10）。

除纤维创新外的技术创新，多为织造技术，

比如通过改变织物构成的物理参数，从而使织物在质地、厚薄度、柔软度、悬垂性、弹力等方面性能产生变化，而这些性能会直接影响面料的造型能力。此外，也会在诸如排湿、耐磨、排汗、防风、抗皱等使用功效性能上，产生变化。

而艺术层面创新，主要是指包括图案、纹理、光泽等表面肌理的创新（图1-11）。

纺织品设计师更多关注的是织物本身的性能和形态，在设计开发时，对织物最终将成为何种类型产品，并没有特定目标。而面料设计则是针对明确的服装品类进行开发的活动。

除以上纺织品创新设计外，面料设计师还经常需要对已有织物进行二次工艺设计，如印花、绣花、烂花、压花、刻花、成衣染色等，从而使得服装外观肌理更为丰富，更具特色（图1-12、图1-13）。

在现代服装设计工作中，二次工艺设计成为服装设计师非常重要的工作技能和工作内容。这些二次工艺，多数是由服装设计师进行初步的构想和制图，再发往印、染、绣等二次工艺工厂，进行打样、修改和生产。所谓二次，就是在原有面料上进行附加设计和改造，从而改变原有面料的外观。因此，二次工艺设计也被称为面料改造设计的一种。

在厘清上述概念后，我们不难发现，从使用范围看，纺织品及纺织品设计不只针对服装，其使用范围较广泛。而面料设计除涵盖纺织品设计的内容外，也包括二次工艺设计和上述非常规服用材料的应用设计。因此，面料设计外延较纺织品设计更广。

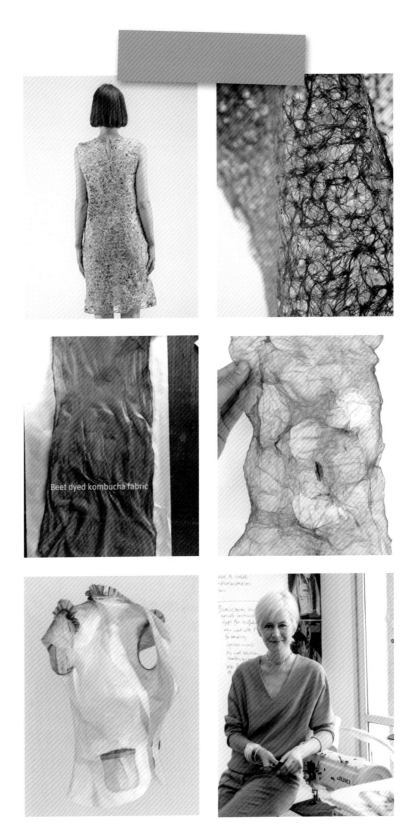

图1-9　苏珊娜·李(Suzanne Lee)用红茶、糖和微生物，培育这种生物结构素材，并制作出服装

图1-10　H&M公司开发的环保纤维——橘子纤维（Orange Fiber）和橘子丝绸（Orange Silk），以及用橘子丝绸制作的服装

图1-12　ELelook品牌设计丝绒压花和珠绣二次工艺

图1-11　根据组织结构进行图案设计的针织服装图案设计稿及效果图

图1-13　ELelook品牌设计丝绒烂花和珠绣二次工艺

二、如何理解面料改造设计

1. 面料改造设计的类型

面料改造也称面料二次设计，简单地说，就是通过其他工艺或材料对现有面料进行表面肌理改造，使得原有材料在图案、纹理、光泽等方面呈现出新的外观。

从操作方式看，面料改造有手工改造和机器改造两种类型。

手工改造，也就是利用手工工艺来完成材料的改造。手工改造所用到的工艺，主要有绣、衍、印、绘、染、镂空、镶嵌、抽纱、编织、层叠、毡化等。这些手工改造工艺，是几千年来一直传承沿用的基础工艺。

虽然，基础工艺手段并未改变，但随着技术和生活的变化，改造中所用到的面料、辅料在改变，而且不同时代对于材料的肌理、图案需求，也在不断改变。因此，旧的工艺结合新的材料和设计需求是面料改造创新的动力之一。本书旨在帮助学生或个人进行创意手工改造，故而在第四章和第五章中所讲解的工艺内容，亦是以手工操作方式为主。

随着量产的需求和机械设备技术的进步，人们设计出很多模仿手工工艺的机械设备。世界上第一台刺绣机是手动式绣花机，于1832年发明，此后不断发展更新。当代工业用绣花机，可通过电脑图案设计，模仿不同手绣肌理，进行批量裁片绣花。此外，现代家用绣花机除基本的针法设置外，还可以自行用软件设计或网络下载专用格式图案，完成局部绣花。

无论是工业绣花机还是家用绣花机，都只是模仿和执行，目前都还不具备人工智能的能力，也就是说，都还是模仿手工绣花的肌理和效果。绣花机技术的推陈出新，也都是依赖于手工创意

绣花的结果。设计师们所创造出来的改造工艺，也往往是推动机械工艺发展的动力之一。

2. 面料改造设计的特点

(1) 以装饰与美化材料为目的

在学习面料改造的过程中，我们首先要避免的一个常见学习误区，就是误认为改造即破坏。正相反，面料改造设计是一种以装饰、美化面料为目的，创新性结合面料特性和工艺手段，以形成特殊肌理或图案的设计行为。

第二个需要明确的问题是，面料改造设计是将适合的工艺与适合的面料相结合的设计。因为，相对于纺织品设计和面料设计，面料二次设计更着重于艺术层面外观设计，而不能在本质上改变原来面料的造型和服用等方面性能。在选择织物材料或者其他非常规服用材料来进行改造时，都需要考虑原有材料本身的性能。切不可强求面料，或者说违背面料自身的性能进行改造（图1-14）。

比如，设计中我们需要进行大面积有机玻璃的镶嵌工艺改造，应选择相对有一定厚度，较为紧实和挺括的材料，如皮革等。而不应选择过于单薄和组织疏松的材料。当我们制作小样时，可能问题不会显现，但面料始终是服务于服装，一定要考虑面料自身的造型能力和工艺特点，避免无效改造（图1-15、图1-16）。

(2) 具有独特性和创新性

面料改造是针对一个特定主题、系列，或者特定风格服装，而产生的设计行为。或者说，是因为没有现成的、更合适的面料，来实现设计主题和风格，而自发形成的再设计行为。

也正是这个原因，有效的面料改造结果具有一定独特性，从而使得整体服装具有一定的创新

图1-14 利用珠绣完成的二次材料改造设计 方好

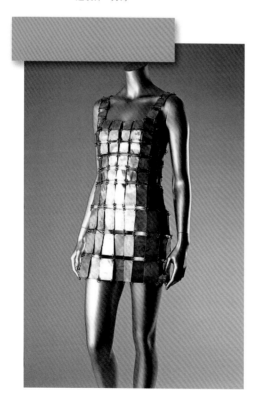

图1-15 金属片连衣裙(Metal Dress) 帕科·拉邦纳 (Paco Rabanne)

图1-16 玻璃连衣裙(Glass Dress) 马里亚纳和苏珊娜设计工作室 (Marina e Suanna Sent)

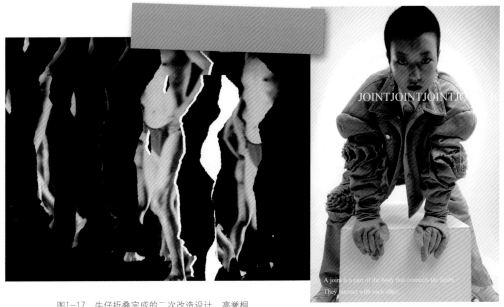

图1-17　牛仔折叠完成的二次改造设计　高誉桐

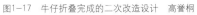

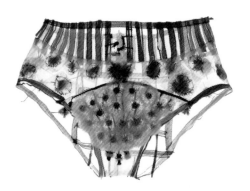

图1-18　蒲公英内衣（Dandelion Lingerie）　比阿特丽斯·廷格（Beatrice Oettinger）

性。换言之，没有明确目的的引导，改造设计无从下手，为了改造而改造的结果往往差强人意，缺少原创力，也被看作是无效设计（图1-17、图1-18）。

课后阅读：

① Jenny Udale.Textiles and Fashion:Exploring Printed Textiles,Knitwear,Embroidery, Menswear and Womenswear.Bloomsbury Academic & Professional,2008

② Jay Calderon.Fashion Design Essentials:100 Principles of Fashion Design,Rockport Publishers.2011

③ Josephine Steed,Frances StevensonBasics Textile Design 01:Sourcing Ideas:Researching Colour,Surface,Structure,Texture and Pattern,Bloomsbury Publishing,2012

课后调研：

在美国大都会网站（https://www.metmuseum.org）上，查找18世纪洛可可时期欧洲服装图片和基本信息。对其中所用到的服装二次工艺设计进行归纳和分析。

Creativity and Creative Design

第二章

创意与创意设计

CHAPTER II
Section
1/
How to
Understand
Creative
Design

本章学习目的：

①深入理解"创意"和"创新"的含义，通过历史案例学习不同创新的思路；

②通过了解创意设计的步骤，了解各步骤所需完成的工作及意义；

③通过了解创意设计的步骤，来理解调研对于面料改造设计的重要性。

第一节　如何理解创意设计

一、对创意和再创新的理解

创意的过程，时常被大家理解为在某个领域"创造一个全新结果"的过程。然而，不同行业的成功者，却时常提醒我们"创意或者创造，应该是用一种新的方式重新改造已有的事物"。

比如，美国作家阿斯丁·肯昂（Austin Kenyon）说："每一位艺术家都会被问及，从哪里获得好点子的。诚实的人会告诉你：偷来的。"

肯昂认为，每一个看似全新的点子，其实都是由过去的点子混搭组合而来。

伟大的服装设计师伊夫·圣罗兰（Yves Saint Laurent）曾这么解释"创意"："所有的创造只是一种再创造，即从一个新的角度看旧的事物，并以不同方式来诠释和表达。"（图2-1）

被认为当代最有创新能力的"天才"之一的斯蒂文·乔布斯（Steven Paul Jobs），也曾说："创造力就是把事物联系起来。当你问有创造力的人他们是如何做某件事的，他们会感到有点内疚，因为他们并没有真正做这件事，他们只是看到了一些东西。过了一段时间，他们就明白了。"

至于如何"联系"，他的解释是："创造力就是将事情联结起来，它的秘诀在于经验。有了经验以后，便可以将过去的经验综合成为全新的事物。"（图2-2）

从众多创意者的话语中，我们可以时常抓取到的关键词有（图2-3）：混搭（Mix and Match）、组合（Combination）、再创造（Recreation）、新角度（a New Way of Seeing）、不同方式（Different Ways）、联系（Connections）、经验（Experience）。

"All creation is just recreation- a new way of seeing the same things and expressing them different."

——Yves Saint Laurent

图2-1 设计师伊夫·圣罗兰（Yves Saint Laurent, 1936—2008）语录

"Creativity is just connecting things. When you ask creative people how they did something, they feel a litter guilty because they didn't really do it, they just saw something. It seemed obvious to them after a while."

——Steven paul Jobs

图2-2 苹果公司联合创办人斯蒂文·乔布斯（Steven Paul Jobs, 1955—2011）语录

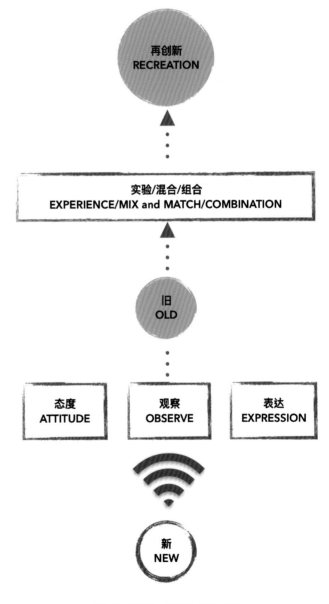

图2-3 以"旧"创"新"的设计思路

二、由"旧"创"新"的不同方式——案例学习

如果说，以旧而新，或以旧创新，是各种创作工作中所通用的法则，我们不禁要问，历史上那些被认为极具创意的服装设计师，又是如何以旧创新的呢？在这一单元的学习中，我们将通过四个典型历史案例的深入学习，进一步理解不同角度的创新方式，以及面料的再创新与创新设计之间互为因果的关系。

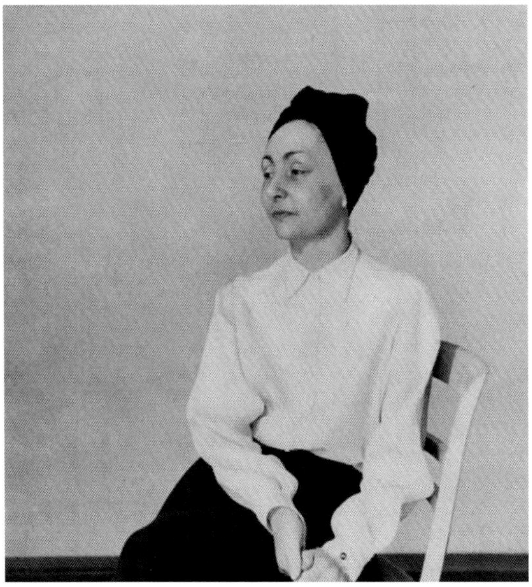

1. 重新表达历史风格

若将美学定义为一种风格或感受，现代设计美学理论家伦纳德·科伦(Leonard Koren)认为：所谓风格，是将一些可供辨识的感知元素组合成一种独特、明确的安排；换言之，风格是能令人产生某种特定感知（包含视觉、听觉、语言、味觉、触觉）的元素组合。

简单来说，风格是某种可感知，可引起观者共鸣的外观形象，其形成是由特定的形、色、质元素组合而来，这些可辨识的元素犹如风格的DNA一般。比如，人们对古典主义风格的感受多来自古希腊、古罗马时期的雕塑。这一时期的服装多以单色纯净的棉、毛等织物披挂、缠绕而成，整体呈H廓形，褶皱堆叠，线条流畅而自然。故而，古典主义风格也是自然、优雅的代名词。

图2-4　设计师葛蕾夫人 (Madame Grès，1903—1993)

图2-5　葛蕾式打褶法细节

对古典主义风格的改造与重写是众多设计师所热爱的创作主题之一，而被誉为"服装雕塑家"的设计师葛蕾夫人 (Madame Grès，1903—1993)，则是其中最为杰出的代表之一（图2-4）。克里斯汀·迪奥 (Christian Dior，1905—1957) 对这位大师的评价是："她所创造的一切皆为杰作！"于贝尔·德·纪梵希 (Hubert de Givenchy，1927—2018) 先生则称其作品"美丽到令人疯狂"。

得益于早年学习雕塑的经历，葛蕾夫人对古

典主义风格有着深彻的研究。她曾坦言："于我而言,用石头进行雕塑和用布料做服装是一回事。"

古希腊雕塑家,用黏土精心塑造一道道沟壑和凹凸起伏,而葛蕾夫人则是用手中的面料去"还原"这些雕塑所刻画的自然与优雅。这种"自然形态",即是面料贴覆于人体自然悬垂所形成的褶皱,也被称为"Fluting Pleats"(凹槽式褶皱)。这是古典主义风格雕塑中衣纹形态的形象写照,也是葛蕾夫人作品的标志和灵魂,贯穿于她整个设计生涯(图2-5)。

在还原、再现古典主义风格的过程中,葛蕾夫人的成就在于找到了一种创新的表达方式,即利用个人独特的打褶手法,来表现古典主义的线条及审美。后世将葛蕾夫人所创造的"希腊式"褶皱,称作"葛蕾式打褶法"。利用这种打褶法所制作的裙装,往往需要13～21米长度不等的面料。葛蕾式褶裥法可以将274.3厘米(9英尺)的布料缩减到7.1厘米(2.8英寸)(图2-6)。由这些数字,我们不难感受到葛蕾夫人在面料处理上的精湛技艺。

葛蕾式打褶法结合材料和工艺,形成了一种极具特色的线条及凹凸肌理,她在"重写"古典主义的同时,形成了个人的创新手法和创新设计。

2. 重新审视生活方式

历史上,有很多被称为"新锐"的设计师。他(她)们凭借前卫和大胆的意识,设计出令人耳目一新的形象,由此被看作极具创新力的天才设计师。

图2-6　2011年法国布尔德勒博物馆(Musée Bourdelle)举办的葛蕾夫人回顾展

图2-7 设计中的玛瑞·昆特（Mary Quant）

图2-8 玛瑞·昆特为女孩们打造的摩登衣橱

图2-9 玛瑞·昆特设计的PVC外套

而当我们回顾历史，会发现他（她）们的创新天赋更多得益于对生活的敏锐观察力。简单地说，就是通过审视生活方式和消费者需求的变化，来进行有针对性的开发，由此而来的开发结果往往推陈出新、不拘一格，故而被称为前卫。

玛瑞·昆特（Mary Quant）和维维安·韦斯特伍德（Vivienne Westwood）可谓是这类设计师的典型代表。两位英国设计师先后在20世纪六七十年代，以满足婴儿潮一代年轻人诉求为目的，大胆创新，不仅翻开了现代设计的新篇章，还被服装界尊称为"摩登教母"和"朋克教母"（图2-7）。

20世纪60年代的英国，随着战后婴儿潮效应的不断升温，工业化大生产的迅猛发展，以及女性解放运动的深入人心，年轻平民女性成了消费主力军。

同样年轻的玛瑞·昆特，迅速成为潮流的代名词，她公开宣称："上层阶级的优越感已经过去了，在我的店铺里，你会看到公爵夫人和打字员挤在一起买同一条裙子。"

玛瑞·昆特给年轻女孩们打造的衣橱里，不仅有超短迷你裙（Mini Skirts）、亮丽长筒丝袜（Bright Stockings），还有白色塑料领子（White Plastic Collars）和黑色弹力打底裤（Black Stretch Leggings）。这些在当时极为前卫的设计，都是年轻女孩们所追逐的热销产品（图2-8）。

除了款式造型上的大胆创新，玛瑞·昆特另一件载入史册的事件，就是1963年在巴黎推出的"Wet Collection"（湿系列），这是一系列以彩色塑料PVC制作的俏皮服装（图2-9）。

谈起这一系列的创作原因，她谈到的是她对生活的观察。因为她发现，对于生活在伦敦这个多雨的城市的年轻女孩们而言，过往妇人们出行必备的洋伞似乎过于累赘而无趣，天天外出工作的女孩们十分需要既能遮雨又好看的外套。

因此，她开始研究能够防雨的PVC材料。实验在初期阶段，并不顺利，因为"塑料要么黏在缝纫机的针脚上，要么是缝纫针眼难以复原而造成极易撕裂的现象"。

然而，经过两年多的研究实验，以PVC制作的Rainsmock最终还是问世了。这些亮丽、俏皮的塑料风衣、斗篷，不仅成为当时最时髦的服装（Mod Look），也成为玛瑞·昆特闻名于世的创意之一。由此，塑料PVC开始成为非常规的服用材料之一。

3. 重新定义服装构成

"让我们先把长久以来的认知、想法都先丢弃吧，用新的定义重新开始。"——川久保玲（Rei Kawakubo）

"对我们来说，让人们能找到与那些穿衣规范或者流行标准全然相反的穿衣之道是很重要的。"——马丁·马吉拉(Maison Martin Margiela)

通过解读以上两位服装解构大师的话，我们更容易理解和重新"定义"问题和"创新"之间的关系，就是重新看待习以为常的"认知"和"常识"。以马吉拉为例，他对服装材料和构成的再定义是他创新的原动力之一。

出于对时尚界精英主义、拜物主义的反对，他抛弃了必须以新的、华丽的面料来制作服装的"常识"，他认为服装只是人体的表面装饰，装饰材料不必千篇一律，可以是各种各样有趣的素材。

比如，对非常规服用材料的探索，是马吉拉系列中经常出现的主题。如2008年秋冬推出的"假发外套"，即是用假发做成的服装（图2-10）。相似案例，还有梳子连衣裙、帽子夹克等经典作品（图2-11、图2-12）。

除使用非常规服用材料外，马吉拉认为旧衣不应该只是废弃物，也可以成为新设计的构成材料。他将购于旧货市场里的帽子、手套、皮带等，进行重新组合。对这些物品及原有材料的功能、形态都进行了再定义和再设计，从而得到了创新的结果。

图2-10 马丁·马吉拉用假发制作的外套

图2-11 马丁·马吉拉用废弃的梳子制作的裙装

图2-12 马丁·马吉拉用旧货市场上的针织帽制作的夹克外套

4.重新描述自然万物

亚历山大·麦昆（Alexander McQueen，1969—2010）可以说是近百年来，服装界当仁不让的设计鬼才（图2-13）。他在世时的每一场发布会，都可以说是一场视觉盛宴，每一件服装都堪称艺术品（图2-14、图2-15）。

当我们被这些极具视觉冲击力的画面震撼的同时，我们似乎回到了一个似曾相识又熟悉的场景，因为这些形象很快能让我们联想到一种生物，或是一幅画。

确实，麦昆最令人叹服的才能，大概就是能把世人都能看到的日常，随心所欲地改造成秀场中的惊艳（图2-16）。

比如，他2001年春夏的发布，以地处挪威以鸟栖息而闻名的沃斯岛为名。大部分服装的造型和肌理，都是模仿不同的鸟类和海底生物。其中，名为"血裙"的服装（图2-17），是以无数鲜红树脂亚克力片和红黑渐变染色的鸵鸟毛缝缀而成。图2-18中的连衣裙，则是由上千块长条形贝壳组成。整场秀中，所有模特儿都被"关"在一个犹如"鸟笼"的玻璃房中，画面诡异而惊艳（图2-19）。

2008年春夏秀场，依旧以"鸟"为题，其中一件以雪纺和羽毛制作的连衣裙，给大家生动描绘了一幅雄鹰在天空翱翔俯冲的画面（图2-20）。

而2009年黑色羽毛装中，麦昆借乌鸦形态特征和寓意，表述了自己看待死亡的浪漫主义情怀（图2-21）。

2010年春夏名为"柏拉图的亚特兰蒂斯"的发布中，模特儿们的身形与容貌，犹如生活在海底世界的生物，凸起的如触角的发饰、鱼鳍状或蛇鳞纹理的数字印花连衣裙、犰狳高跟鞋，大量采用模拟鱼鳞肌理的PV压花和烫花装饰，打造出波光粼粼的"海底"秀场（图2-22）。

通过案例，我们不难发现，自然万物也许平凡可见，但却是无数创意杰作的真正来源。当我们真的用心去看去感受，并且用自己的态度，用自己的服装语言去重新描述和刻画的时候，也就是我们找到创意和自我风格的时候。

图2-13 鬼才设计师Alexander McQueen

图2-14 1999年秋冬铝制胸衣

图2-15 2000年秋冬人造假发制作大衣

图2-16　2003年春夏模仿海难的真丝连衣裙　　　图2-17　2001年春夏亚克力鸵鸟毛连衣裙　　　图2-18　2001年春夏牡蛎裙

图2-19　2001年春夏发布秀场

图2-20　2008年春夏模仿雄鹰俯冲的裙装　　　图2-21　2009年秋冬黑色羽毛连衣裙　　　图2-22　2010年春夏模仿海底生物造型

CHAPTER II
Section
2/ Steps
and Principles
of Creative
Design

第二节　创意设计的步骤和原则

一、创意设计的原则

所谓原则，可以简单理解为以目的为导向的行事准则，也是避免错误、失败，保证效率的正确路径。

设计项目（Design Project），是指以实现一个目的或主题的设计活动。往往一个项目（Project），针对一个主题系列（Collection）。无论是面对市场的品牌产品系列，还是个人独立系列，一个完整创意设计系列，都是一个有效项目管理的结果。

所谓有效，在于目标明确，步骤完整，加之时间、成本合理安排。本节的学习目的，在于了解完成一个主题系列设计的思路、步骤及设计原则，同时，理解面料创意改造在整个设计流程中，所处的阶段及完成思路。

一个完整的创意设计项目的工作流程大体可分为三步：一是调研（Research），二是拓展（Development），三是设计实现（Design Outcome）（图2-23）。

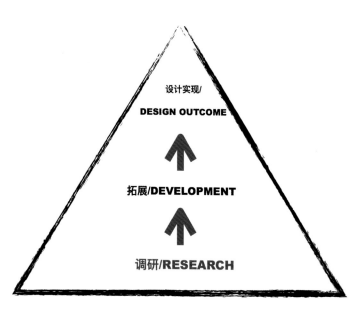

图2-23　创意设计步骤示意图

初学者容易进入的第一个误区在于，以画效果图作为设计项目的开始，而忽略了调研及拓展的过程。这样从错误的起点开始的"设计"，往往难以跳脱前期学画时临摹的影像，又或是不久前见过的他人的设计成果。这些结果都违背了自身进行"创新""创意"的设计初衷。所以，我们首先应该明确的设计原则就是：画画只是表达创意的方式和过程，而不是创意的来源和过程（图2-24）。

另一个误区，则是对时间的安排和控制的不合理。一个有效且能被看作有创意的设计项目，其时长和工作量的耗费，往往是调研最长，拓展次之，实现最短。而很多难以实现"创意"的初学者，往往将随手可及的一两张图像称为"调研"，希望节约前期调研的时间，而结果则是欲速不达。调研的广度和深度，决定了其创意的质量和设计的最终完成度。

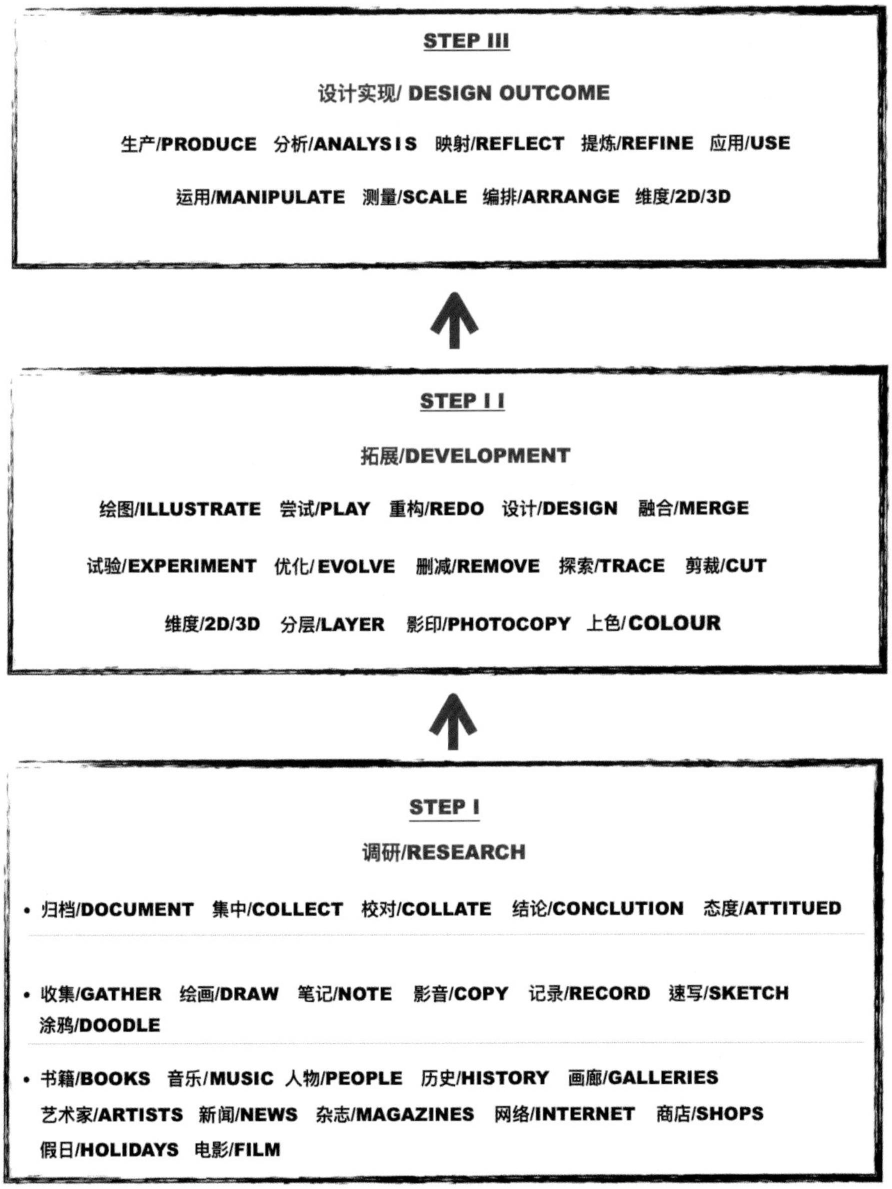

STEP III

设计实现/ DESIGN OUTCOME

生产/PRODUCE 分析/ANALYSIS 映射/REFLECT 提炼/REFINE 应用/USE

运用/MANIPULATE 测量/SCALE 编排/ARRANGE 维度/2D/3D

STEP II

拓展/DEVELOPMENT

绘图/ILLUSTRATE 尝试/PLAY 重构/REDO 设计/DESIGN 融合/MERGE

试验/EXPERIMENT 优化/EVOLVE 删减/REMOVE 探索/TRACE 剪裁/CUT

维度/2D/3D 分层/LAYER 影印/PHOTOCOPY 上色/COLOUR

STEP I

调研/RESEARCH

- 归档/DOCUMENT 集中/COLLECT 校对/COLLATE 结论/CONCLUTION 态度/ATTITUED

- 收集/GATHER 绘画/DRAW 笔记/NOTE 影音/COPY 记录/RECORD 速写/SKETCH
  涂鸦/DOODLE

- 书籍/BOOKS 音乐/MUSIC 人物/PEOPLE 历史/HISTORY 画廊/GALLERIES
  艺术家/ARTISTS 新闻/NEWS 杂志/MAGAZINES 网络/INTERNET 商店/SHOPS
  假日/HOLIDAYS 电影/FILM

图2-24 创意设计各步骤工作内容示意图

绘图=设计

灵感=创意

The process that takes place when somebody sees or hears something that causes them to have exciting new ideas or makes them want to create something, especially in art, music or literature

—— Oxford English Dictionary

图2-25 《牛津英语大词典》中关于"灵感"的解释

"The systematic investigation into the study of materials and source in order to establish facts and reach new conclusions"

—— Oxford English Dictionary

图2-26 《牛津英语大词典》中关于"调研"的解释

二、灵感与调研

1. 什么是灵感

"灵感"大概是艺术创作相关行业中,最为基本又最为神秘的一个词。《牛津英文词典》中有关"灵感"一词的解释:"人们看到或听到的一些事物,从而使他们产生令人兴奋的新想法,又或者使他们想要创造新事物。这是艺术、音乐或文学创作中,所发生的过程。"(图2-25)

确实,我们总能听到某位创作者或设计师在介绍自己的作品时,提到"受……启发""灵感来自……",这些省略号可能是一次旅行,可能是一幅画,也可能是一本小说。然后我们会问自己,我也去旅行了,也看过画展和小说了,为何还没有灵感?所以,灵感究竟是什么?

我们首先要避免的误区是:灵感 = 创意。

正相反,灵感不等于创意,灵感只是创意的诱因或起点。灵感到创意之间漫长的探索过程,我们往往称之为"调研"(Research)。

2. 什么是调研

再看什么是"调研"。《牛津英文词典》中有关调研的解释为:"借以对素材和来源的调查,从而确立真相和推导出新结论的系统。"(图2-26)

所以,有效的调研至少包含三个阶段。首先是去调查,通过调查,真正了解事物本身,进而形成自己的认知、看法和结论,从而避免人云亦云。

这里所说的"结论"(Conclusion),就是前述包豪斯设计理念中所提到的"态度"(Attitude)。

可见，"灵感"和"调研"都远远不只是一两张图片，或者一瞬间的感动，而是一个积累和探索的过程。

灵感是调研的开始，调研是获取创意和设计拓展方向的过程，也是一个能形成新结论和个人态度的学习过程，也就是我们所说创意过程的开始阶段。

调研的工作主要由调查和研究两部分组成。图2-24中，底部框架（Step Ⅰ）中列举了调查工作中可能涉及的信息和素材来源及研究的工作方式。如有关艺术风格的调查信息多来自历史、书籍、画廊、艺术家以及博物馆等；对当下生活的了解，我们需要关注杂志、商店、新闻等。

就艺术创作的研究方式而言，除常规的信息收集、影印、归档等，手绘形式的速写、涂鸦，以及不同材料的拼贴等记录和研究方式（图2-27），有助于我们在深入理解调研对象的同时，对形、色、质等构成元素进行快速整理。

值得注意的是，近年来的教学过程中，经常会出现的一个现象是，一个班级的不少同学会在作业选题上出现重叠率极高，有些甚至一模一样的情况。原因在于，同学间获得信息的渠道太过一致。一方面，网络似乎带给了我们无限资源；另一方面，我们的同质化也越来越强了。

大家想想，如果希望能有与众不同的创意，是不是也需要有与众不同的养分滋养呢？

图2-27 利用拼贴方式进行调研案例 *Useless & Recycle*

调研案例：*Useless & Recycle*，龙妍等
灵感来源：有关生活垃圾及再生环保的新闻
调研对象：生活垃圾与时尚
关键词：无用、垃圾、日常、废物、生活

案例说明：此案例为小组合作形式的课堂练习。
练习前期准备：
①寻找、阅读有关日常垃圾，以及垃圾循环利用的资料；
②收集日常生活中最常见垃圾，进行分类；
③收集不同气质模特儿形象。

练习要求：
①3~4人为一小组；
②练习时，同学间交换收集素材，进行拼贴。

调研容易出现问题：

难以选择/难以深入/难以控制

图2-28 利用涂鸦手绘方式的调研案例 *Samurai*

调研案例：*Samurai*，金晨
灵感来源：电影《七武士》，黑泽明
调研对象：日本武士服饰
关键词：距离感、静、力量、冷漠
案例说明：此案例为课程小作业。作业要求，每位同学选择一部历史题材影片，作为自己的调研切入点，对一个特定历史时期或文化背景下的服装进行调查、研究。
以手绘涂鸦的形式，从廓形、局部造型、面料色彩、图案和辅料装饰等不同方面，进行分析。再从中选择自己的兴趣点，进行拓展性研究。
在此案例学生最终选择的历史照片中，以团形纹样作为切入点，利用即时贴、图案胶带，以及手工印章等素材，进行创意图案设计拓展。
用富于生命力的自然花卉印花来表达生命力，在此基础上，采用规则波点的模印方式，来表达死板的冷漠和距离感。

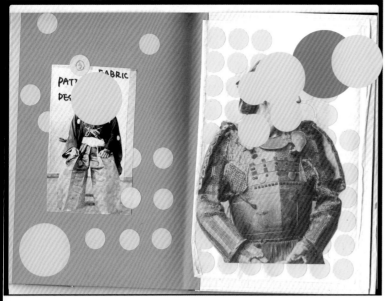

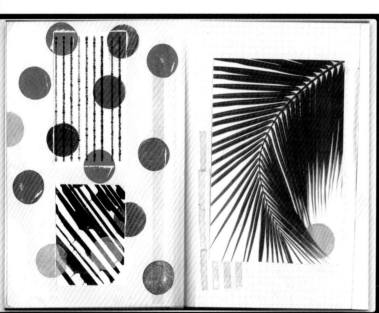

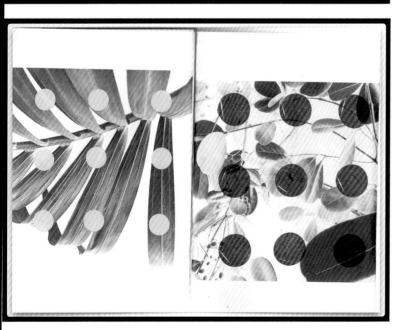

037

3. 调研的广度与深度

在设计调研过程中，首先可能出现的问题在于选题。

两种无效选题方式，一是"秒选"，也就是没有经过任何考虑和筛选，随手取图和定题。设计项目是一个有一段时长的设计活动，有些同学会在痛快"秒选"之后，发现自己对这个课题并没有太大的兴趣，随之放弃，从头再来，进而影响项目进度和最终设计的完成度。

久而久之，给自己的定论就是"我不适合做设计"。无效工作确实会影响自信力。

二是无从选择，出现这种情况的原因，一是平时缺少对生活的观察，缺少兴趣点；二是感兴趣的事情很多，但都未曾深入了解，也会导致无法抉择。

避免以上两种情况最有效的办法是，养成日常记录——Sketchbook 的习惯。也就是用文字、图像或手绘等形式对平日感兴趣的事情进行记录。当需要选题的时候，从日常的 Sketchbook 中，可轻松找到适合的课题（图 2-29）。

Sketchbook 就像艺术生的日记，用自己的方式记录生活的乐趣。这种方式是最有效积累和促进自我思考的方式。

Sketchbook 也相当于一个长期的自我调研项目。我们可以把自己看作调研的对象，而调研的目的，就是更加了解自己的兴趣和自己擅长的表达方式。

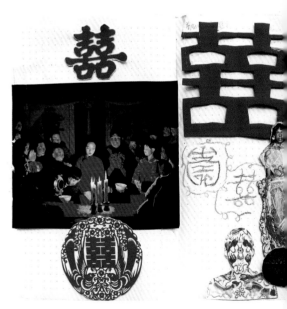

图2-29 日常sketchbook案例《喜宴》

Sketchbook案例：《喜宴》，邢运洋
灵感来源：2020年国庆节在老家参加的婚宴
收集来源：婚宴摄影，电影《喜宴》截图，托马斯·苏文摄影集《双喜》，王沂东油画作品《吉祥烟》《闹洞房》等
关键词：传统、质朴、新婚、酒席、中国特色
案例说明：收集日常生活中感兴趣的片段，并用图像、文字等手段记录下来也是一种灵感来源方式，作者通过对生活中所经历场景，进行记录和图片收集，并根据自己感兴趣的不同环节分别进行联想和发散，充分记录自己的思维发展过程以及情绪感受。

难以深入，是调研可能面对的第二个困难。

需要注意的是，有效的调研，需要调研者有自己的结论和态度，否则很难为后续的拓展环节，带来设计切入点和具体的故事内容。因此，为确保有效性，必须给调研以充足的时间，保证调研的广度和深度，这也是整个设计流程中耗时最长的步骤。

所谓广度，不是无的放矢、漫无边际，而是尽可能从形、色、质、风格等方面，来理解自己的课题。所谓深度，一是要有资料"过滤"环节，即不可只有无编辑的贴图，要有文字、绘图的辅助和整理；二是要有实验，在对形、色、质等方面进行基础调研之后，选择一到两个方向，进行实验性探索。

这种材料改造类型的实验目的多是以模仿对象肌理为主。在这种发散性探索阶段，可以先不用考虑服装最终的款式和其他的设计细节，先让自己有更多的空间去发现创新点（图2-30～图2-32）。

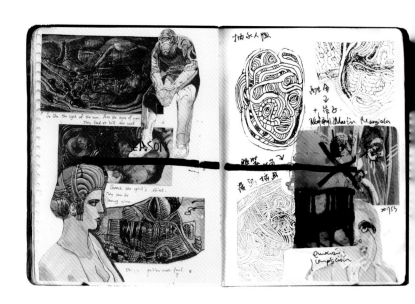

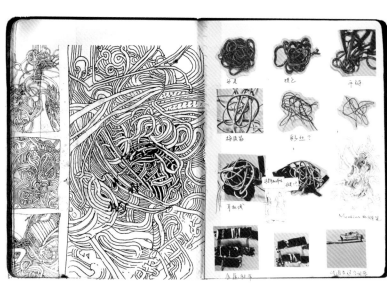

图2-30　探索式调研和材料模仿设计案例*Moebius*

案例调研：*Moebius*，彭永慧
灵感来源：莫比乌斯随想画集
调研对象：抽象人脸
关键词：纵深感、旋绕、神秘
案例说明：作者选择自己喜欢的艺术家作品进行深度调研，选择以画集作为自己调研的切入点，对其中抽象人脸系列进行探索研究。在临摹画作过程中，感受线条的虚实、纵深、曲折、粗细等形式特点。进而，进行了各种材料模拟实验，选择了带有硬度金属线、柔软的耳机线等来实现可以运用在服装上的线性可能。

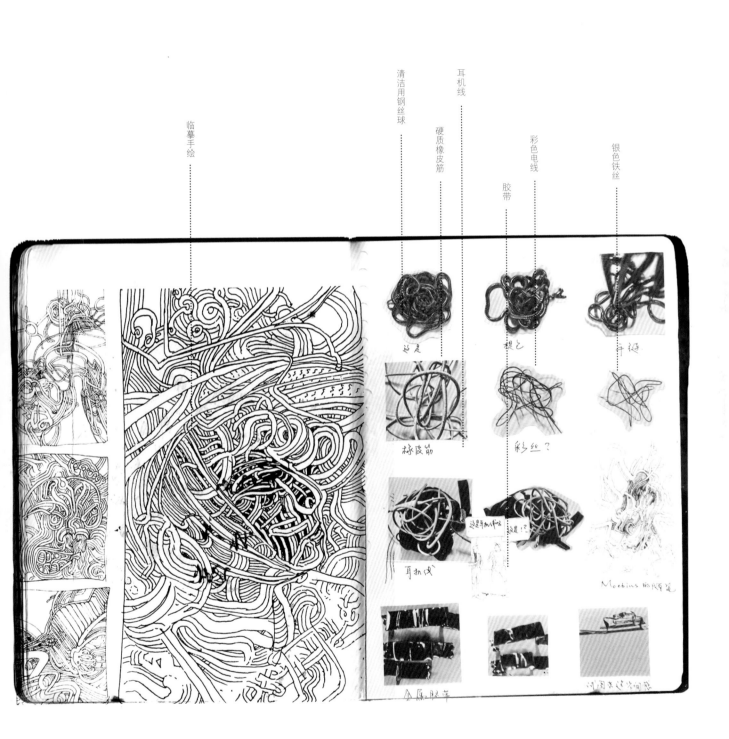

临摹手绘　　　　　清洁用钢丝球　　硬质橡皮筋　　耳机线　　　胶带　　彩色电线　　银色铁丝

图2-31　调研案例Moebius局部细节

图2-32 用面料改造来深入调研的设计案例DEPRESSION

调研案例：DEPRESSION，宋心怡

灵感来源：《艺术世界》2018年第10期，载《博比·卢森：房间里的小岛》

调研对象：博比·卢森（Bobbie Russon）布面油画《红裙子》（The Red Dress）、《囚禁》（Confinement）、《我的世界》（My World）等。

关键词：支离破碎、阴暗、古怪、诡异、恐惧、对比

案例说明：对自己喜爱或感兴趣的事物是否了解，是否能把自己的兴趣转化成灵感和创意，是这次作业的训练目的。作者首先提取了自己最喜欢的画面，并进行了简单的拼贴，将自己的感受进行了提炼和记录，再通过手绘，模仿画家线条、笔触以及人物姿态和情绪。在此基础上，尝试用不同的材料和工艺手段，模仿艺术家的笔触、色彩和肌理特点。在这种改造材料的调研过程中，学习用服装的语言进行转化。这种调研训练，一方面能促进我们对既定风格的深入理解，另一方面也能让我们了解不同材质的性能，为日后更多的设计实践积累经验和素材。

速写、涂鸦形式记录，模仿线性笔触、线条交叠、姿态、情绪 ⋯⋯⋯⋯⋯⋯⋯⋯⋯

笔触模仿（面料改造）：乱麻肌理效果无纺布+不规则长平绣+局部针毡 ⋯⋯⋯⋯⋯⋯

肌理对比模仿（面料改造）：压皱镜面PV+粗棉线钩编 ⋯⋯⋯⋯⋯⋯⋯⋯

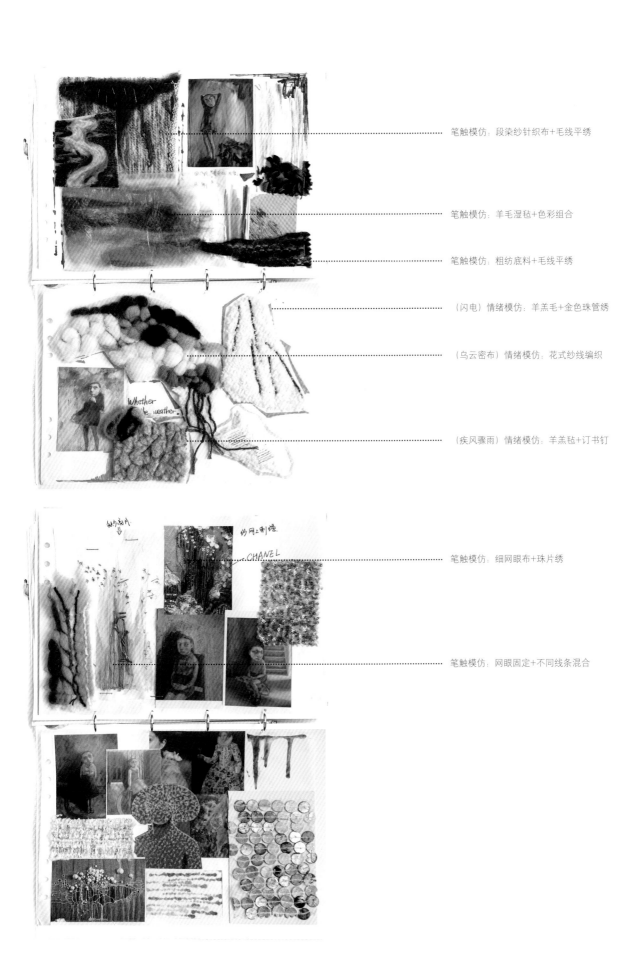

笔触模仿：段染纱针织布+毛线平绣

笔触模仿：羊毛湿毡+色彩组合

笔触模仿：粗纺底料+毛线平绣

（闪电）情绪模仿：羊羔毛+金色珠管绣

（乌云密布）情绪模仿：花式纱线编织

（疾风骤雨）情绪模仿：羊羔毡+订书钉

笔触模仿：细网眼布+珠片绣

笔触模仿：网眼固定+不同线条混合

三、拓展与实现

1. 故事与拓展

如前所述，灵感是整个创作过程的起点，而深入了解灵感源的阶段我们称之为调研。在调研之后，我们进入了故事画面塑造和细节拓展的设计环节（图2-33）。

很多同学疑惑的是，难道做服装还要讲故事？

事实上，任何具有一定艺术性的创作，都是以"故事"为基础的再创作。文学背景下的"故事"，多由背景、人物、情节、情绪起伏和结局等部分构成。而绘画、音乐或设计中的故事，也同样包括抽象的人物形象，以及氛围、情绪感受。能打动人的设计，必然能形成强烈的氛围感，从而引导观者产生共鸣，进而产生愉悦感，这才最终达到设计的目的。

因此，我们在拓展设计之前，需要明确期望完成的氛围画面，通常，我们会在调研资料中，选择图像或材料素材，进行拼合、调整，预设整体设计氛围和目标。而这一画面图像，我们通常称之为情绪板（Mood Board）。

情绪板一方面是我们后续开发过程中的选择标准，也就是说，任何设计细节的是与否、选或弃，都是以是否能表达或强化情绪为标准。另一方面，情绪板也能帮我们在长时间的开发过程中，稳定方向，从而增强开发效率，减少无效开发的概率。

服装设计的故事性，往往是以人物开始，人物的性格和活动也成了服装的性格和用途。这些人物往往被设计师们称为灵

图2-33　创意设计步骤细化

感缪斯（Muse）。她（他）们的性格或外形特点，一定程度上代表了设计师的审美和态度，也就是所谓的"理想形象"（图2-34）。

因此，情绪板的制作，就是筛选、清理和优化前期调研信息，以符合"理想形象"。而之后的拓展阶段，则是依据情绪板的指示，对包括廓形、局部造型、色相、明度、纯度、配色关系、主要面辅料、配饰、品类及搭配等所有细节，进行排列组合，也就是我们通常所说的款式设计。

拓展阶段的方式和内容，因设计目的和个人习惯的不同而不同。比如，有些设计师习惯在草图阶段以拼贴的形式完成，也有习惯于以手绘或电脑绘图形式完成的。

有些以结构造型创新为目的的设计项目，拓展阶段多以绘图或立裁实验完成，而以面料、色彩等为创新方向的项目，则在前期调研基础上，深化包括图案、肌理及色泽在内的实验，也就是我们所说的面料创意改造。并将改造结果，结合款式造型一起进行草图设计。

需要注意的是，在调研和拓展阶段，都有可能涉及面料的改造与创新。调研阶段的材料实验，更多是以体会和模仿调研主题为目的的初步试验，也就是在未设定具体的设计目的和明确风格的前提下，进行可能性的探讨。

而在拓展阶段的面料改造和创新，必须结合情绪氛围和款式其他细节综合考虑。除创新性外，还要更多地考虑改造手法作为面料应用的可行性和成衣制作及穿着的可行性（图2-35）。

图2-34 故事与拓展设计案例Maid of Orleans

故事与拓展设计案例:
Maid of Orleans,吴维

灵感来源:
电影《圣女贞德》

关键词:
中世纪、女性化、盔甲

案例分析:

　　该设计案例,以电影《圣女贞德》为灵感起点,分别对与灵感相关的中世纪服饰、宗教绘画,以及盔甲等内容进行了调研。

　　调研之后,作者确定了自己的设计方向为摩登版贞德,即希望塑造一种综合神秘宗教仪式感、现代摩登力量感的少女形象。

　　依据设计方向,作者选取了锁链甲、印花丝绒及花卉装饰等元素来表达仪式感;选择彩色运动胸衣、有色吸管改造,以及PU胸衣来表现现代摩登和力量感;又选择了裙撑、薄纱等元素表现少女情怀。

—— 拟用裤钩来制作轻便锁链甲头饰

—— PU光泽胸衣

—— 彩色运动感拼色胸衣

—— 印花或烂花丝绒

—— 拟用彩色吸管进行热熔改造

—— 鱼骨和薄纱

牛仔破洞，抽纱手段

现代简约，休闲感形象

优雅，自然，强调身体自然曲线的古典主义雕塑

蓝白相间，自然曲线感肌理或图案

希腊建筑中的曲线线条

希腊人物雕塑中发型的层次肌理表现

图2-35　故事与拓展设计案例Athean

故事与拓展案例：Athean，万绮
灵感来源：大英博物馆古希腊雕塑
关键词：线条，优雅，休闲古典主义
案例分析：作者的创作灵感来自古希腊的雕塑，因此对相关的古典主义雕塑及建筑等艺术形式进行了不同程度的调研。在情绪板中，作者选择了古典和现代的不同元素进行组合，希望塑造一种现代都市感的简约和优雅。并拟定以简洁款式造型，配合不同工艺的面料创新，来完成整组系列设计。而在面料创新环节中，又分为四个方向，分别为拼、叠、绣及镂空抽纱等。其改造的核心重点，在于表达古典主义的自然曲线线条的秩序感以及块面结构的层次和光影效果的关系。

以拼接的方式完成工形连衣裙设计

拼接，模仿雕塑头发的光影，曲线透明网眼底布上进行不规则曲线块面

加，模仿雕塑头发的层次，肌理不规则单色，曲线块面欧根纱叠

蓝色牛仔抽纱工艺，形成自然垂坠的柔和曲线

用抽纱形式完成简约O。廓形休闲卫衣设计

段染渐变色线满地绣花，留垂感浮线，模仿褶皱线条感

以留浮线绣花形式，完成工形连衣裙设计

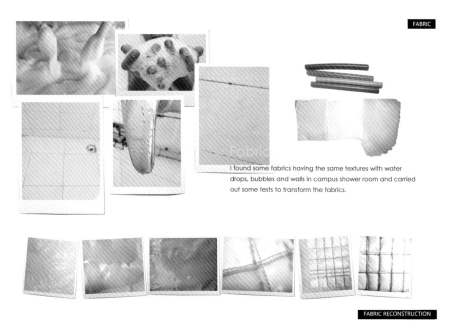

I found some fabrics having the same textures with water drops, bubbles and walls in campus shower room and carried out some tests to transform the fabrics.

FABRIC RECONSTRUCTION

The texture of cotton fabrics is quite similar with that of bubbles; but bubbles are colorful, so I colored cotton fabrics. Transparent PVC's texture looks like water and it can be crinkled after ironing, which resembles water drops. The surface of space cotton is as smooth as walls. A brand-new composite material can be made by pressing threads and then use glue gun to color the stitch.

图2-36 拓展与实现案例 School and Shower Room

2. 系列与实现

在草图和定稿之后，我们进入了创意设计的最后阶段，即系列与实现。这个阶段的主要工作内容，就是把二维转化为三维，把平面的效果图与材料实验结果结合，形成最终可以穿着于人体之上的服装。

在系列与实现阶段中，我们要尽量避免两种情况。

一是在三维实现过程中，因为遇到结构或材料实现的困难和问题，而轻易放弃既定的设计方向和设计点，从而功亏一篑。

二是过于死板的对照小头身比例效果图，来完成正常服装的比例。因为，大部分同学在绘制效果图的时候，习惯以十一头比例高度完成，而在实际服装制作时，应按实际比例调整。

此外，前期多数材料和配色是小样形式完成，在大面积制作时，也应适当调整比例。因此，在实现阶段，我们应该不断进行坯布样以及实物样的试身和修改，不要指望一气呵成（图2-36）。

拓展与实现案例：
School and Shower Room，杜梦瑶
灵感来源：学校日常生活片段
关键词：水滴、泡沫、柔和、梦幻感
案例分析：这个系列的灵感来源于学校的生活经历。大学里长时间集体生活中，时刻与同学、老师相伴，而学校的沐浴间成为一个难得的私人空间，也成为作者独立思考的场所。
基于这样的创作灵感，作者希望这个系列可以还原淋浴过程中，淋浴间这个"私密空间"的氛围感。水滴、泡沫和被水冲刷的白瓷砖都给作者带来了柔和、通透的梦幻感。通过这些关键词，作者找到了一些和这些质感相符合的材料，并把它们组合起来进行面料改造。
最初，作者想通过将太空棉材料内垫棉及绗缝固定来还原淋浴间白瓷砖的排列秩序感，然后再用彩色胶枪填充绗缝的缝隙，以加强梦幻感。又通过熨烫磨砂质感的PVC材料，来还原水滴的质感。最后，调整了不同材质的顺序，比如把所有面料合并绗缝再用胶枪填充局部；或者先将太空棉绗缝填胶，再将PVC放在上层进行再次绗缝。通过不同的排列组合，不断优化还原主题氛围的面料改造方式。

本章课后作业

课外阅读：

① Ezinma Mbonu, Fashion Design Research book, Laurence King Publishing, 2014

② Simon Seivewright, Research and Design for Fashion(Basics Fashion Design), Bloomsbury Visual Art, 2019

相关练习：

① 在美国大都会博物馆网站上（https://www.metmuseum.org）浏览和搜索，找一位在材料运用上有自己风格和特点的设计师或品牌，进行相关背景、服装风格、面料特点等内容的详细调研，分析他们创意的来源和表现方式。

② 选择一部自己喜爱的电影，进行一次为期两周的调研。以手绘和拼贴的形式，完成形、色、质、风格等方面的调查研究。切记，不可集中在一天去完成整个调研报告，尽量每天或定期完成部分内容，给自己充足的时间思考和消化。

3.

Ideas and Principles of creative fabric Re-Design

第三章

面料创意改造设计的

思路和原则

CHAPTER III
Section
1/ Ideas of
Fabric Creative
Design

本章学习目的：

　①了解创意面料改造的不同思路，拓宽思维；

　②明确创意改造的设计原则，避免无效改造。

第一节　面料创意改造设计的思路

通过前面章节的学习，我们了解到材料是服装创意设计表现的必然物质载体，可以说，面料的创新成就了很多服装品牌和设计师。

此外，面料的创新过程并非由面料本身开始，而是在前期调研中找寻线索，在中段拓展中深入完善。

在了解了创意面料改造的意义和其所处的开发阶段之后，我们在本章中整理一些创意改造面料的思路和原则，方便大家获取有效设计的途径。

一、外观肌理模仿及再创造

模仿，是所有专业学习过程中的必要阶段，模仿可以分为有意识模仿和无意识模仿、外观肌理模仿和内在形式模仿。我们针对调研对象所进行的材料实验，就是有意识的模仿。

需要注意的是，有意识的模仿并非抄袭，而是用自己的方式"翻译"和"转换"。建议大家在学习初期阶段，尽量避免直接以服装作为调研对象，包括历史服装和现代服装。因为在初学者"服装语言"并不成熟的情况下，以服装为主题的"转换"会更加困难。处理不好，很难避免抄袭的困境，从而丧失继续创作的热情和信心。因此，可以先从服装之外的艺术或自然入手，比如某位艺术家，或者某种自然生物等其他门类较具象的事物入手。

对这些具象事物的外观肌理的模仿和创新，是面料创意改造最为常见的一种设计思路。

肌理，狭义的理解，即事物可被人们视觉或触觉所感知的外观特征。比如，婴儿的皮肤是粉嫩的、光滑的、柔软的、有弹性的。而说到岩石，有的人自然会感受是灰暗的、坚硬的、粗糙的，敏感的人甚至会有一种被磨伤手指的不适感。

我们可以用很多形容词来说明事物的外观肌理，而这些形容词都是由人们视觉或触觉感受的，最终形成一种生理和心理的反应，即情绪。

设计师永远需要谨记的是，所有的创意并非追求曲高和寡，正相反，设计的目的是与观者产生共鸣，甚至于共情。因此，设计中的肌理塑造是我们渲染情绪，达到设计目的的重要任务之一。

服装的肌理感受，主要依托于面料的色彩、光泽、透明度、纹理、图案以及垂感等物理性能来实现。独特的肌理，配合适合的造型和比例，最终形成情绪，传递感受，达到设计目的。

外观肌理模仿，是指用服装的语言对其他艺术风格或自然形态的外观肌理进行再表述。模仿并非复制，比如我们对莫奈的油画风格的模仿，不一定要用单纯的手绘形式来复刻，可以采用打籽绣或珠片绣等其他工艺来表现具有凹凸肌理的点彩笔触感（图3-1）。

图3-1 外观肌理模仿案例《点彩》

肌理模仿设计案例：《点彩》，周安琪等
灵感来源：莫奈《睡莲》，油画
关键词：凹凸、多彩、光影、点彩笔触
设计思路：受印象派画家莫奈画作《睡莲》启发，经过对点彩风格的基础调研后，提取画作中点彩所形成的凹凸肌理、色彩组合及光影效果，再经过实验，分别选取水彩手绘、打籽绣和珠片绣工艺进行对应，以作者的服装语言对莫奈的油画进行再表达，从而形成创新。

053

肌理模仿须建立在对模仿对象深入调研的基础上,对肌理构成的形式进行抽象提取,并找到对应的工艺手法进行再表达。即借用已经形成的风格或构成,进行服装语言的转换和再表达,从而形成了创新。

这也就是伊夫·圣罗兰先生所说的:"所有的创造只是一种再创造,即从一个新的角度看旧的事物,并以不同方式来诠释和表达。"

二、构成形式模仿与创新

"形式"是指事物内在要素的结构或表现方式。

在艺术创作中,形式常指表现某种情绪或风格的方式,包括点、线、面、体的形态及排列方式等。我们常说的形式美法则,包括对称、平衡、重复、比例、节奏、韵律、强调等。

面料改造中,除上述外观肌理的模仿外,我们也常进行构成形式的模仿,即对模仿对象进行风格、情绪及构成方式的抽象和概括,再利用服装的材料、工艺等元素来进行相似形式的模仿和表达(图3-2、图3-3)。

比如,在《从一根线开始》的设计案例中,作者为日本艺术家盐田千春的装置艺术展所深深触动,并对其艺术作品进行了深入调研。在调研过程中,发现艺术家用不同颜色的线及不同的排列形式,来表达不同的情绪。在此调研基础上,我们可以采取外观模仿的方式,即以线的排列来作为面料改造的创新思路,也可以采用形式模仿的方式,通过其他材料的改造,如网眼布打褶处理、羊毛湿毡等形式,来模仿交错的线条和密集的排列。

此外,需要注意的是,我们在一个系列的设计改造过程中,可以采用外观模仿和形式模仿相结合的方式,这样会更有利于保证系列的协调,以及系列中各单品间的区别与产品间的差异及统一。

图3-2 形式模仿设计案例《校园暴力》

形式模仿案例:《校园暴力》,支映月
灵感来源:艺术家Marise Maas的插画
关键词:线条、交错、重叠、叙事
设计思路:灵感来自当代插画师Marise Maas的作品。通过对其画作的临摹等调研,发现其画面所营造的忧伤、紧张的暗黑情绪非常强烈。而表现这种情绪的手段,并非大面积浓墨重彩,而是无数交错的纤细线条,这些线条隐约描述着手、琴盘等物象,调研之后,对其形式提取的关键词为线条、交错、重叠、叙事。
自我课题为《校园暴力》。在对校服及相关素材进行进一步调研后,决定采用线绣、贴布绣及绗缝工艺进行面料改造,通过三种工艺来表现线条、交错、重叠、叙事,并分别描述了少女、幻想及校服撕裂等情节。

Marise_Maas

不同针距的缝线排列

在手绘及局部铺棉表面，进行平缝压线，形成不规则的凹凸肌理感

用碎布进行补丁式贴布绣，再在其表面进行人物形态红色线绣，营造记忆碎片化和扭曲变形的情绪

叠层面料绗缝，形成人物半立体形态，黑色流苏绣表现眼泪和绝望情绪

图3-3 形式模仿与创新设计案例
《从一根线开始》

形式模仿与创新案例：
《从一根线开始》，方婧雯
灵感来源：艺术家盐田千春的装置
展览
调研对象：盐田千春《成为绘画》
《大地和雪》《与DNA的对话》
《在沉睡中》《存在的状态》《陆
地之上》《整合——寻找目的地》
《手中的钥匙》《我们要去哪？》
关键词：
红线：记忆，忧愁，不安（人际
联系）
黑线：恐惧（整洁与杂乱，白与黑
的对比）
白线：永恒，束缚，纯净（生命的
开始与终结）

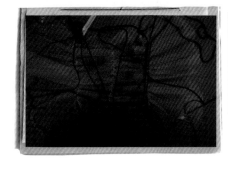

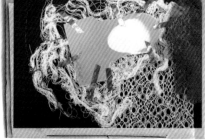

案例分析：

作者选择自己喜爱的艺术家展览作为调研的切入点，对其抽象装置艺术形式进行了探索分析。在艺术家的装置艺术作品中，房间里拉满了无数密密麻麻的棉线，纤细的棉线相互交错，在一个明亮的空间中映射出一种日本的荫翳之美。

作者仔细观察了这些用不同材质的线进行串联、交叉、叠加形成的网，发现它们的排列通常是由一个点出发，向周围进行无尽的扩散、延伸。

作者在创意改造的开始阶段，使用了颜料、胶水、胶带、手绘、拼贴对其进行简单的线条的情绪模仿，而后，开始探索如何将线条与面料结合。

首先，使用了能体现点、线、面特点的网纱、网眼面料，对其进行抽褶、压皱的再处理，并用胶枪将毛线固定，进行线条的装饰，再将毛毡球放入其中，加强点、线、面交错形成的紧张感。然后用缝纫机在布料上进行线条图案的再设计，从而形成凹凸不平的质感，所有排列组合的线条通常都能找到一个原点，节奏紧凑且错落有致。

此外，也尝试了羊毛毡化的处理手法。利用其很好的线状纤维性质，进行湿毡的实验，可以形成流动的液体状态，又可以形成密密麻麻、粗细有别的线条画面。

除面料改造外，作者也找了一些特殊工艺处理的面料，其线条的排列传递出压抑情绪，与调研的对象有着相似形式的表达。这些具象的线，也代表着那些无形的线、内化的线，它们将万事万物串联在一起。

艺术家盐田千春为了做装置作品收集了来自世界各地的鞋子，钥匙，手提包，等等，与其说是收集他人的物品，不如说是收集他人的故事，作者也收集了一些对自己有着特殊意义的物件，比如房间的钥匙、书信等，将这些物体串联在红绳线上，线的终点便是心的出处，由此搭建出自己的情绪氛围。

三、素材替代及再处理

除外观模仿和构成形式模仿外，选用新的素材或媒介也是面料创意设计的思路之一。

什么是新的素材和媒介呢？

首先，在面料创意改造中的"素材"，多指纺织面料、非纺织材料，以及附加于面料或材料之上的辅料装饰物。而"手段"是指在织物或其他材料上，进行图案或其他肌理创新时所使用的工具和方式。

以新型素材来进行创新设计的过程中，需要进行大量的实验，需要将材料在缝制、成衣及穿着方面的可行性控制在合理范围。

比如，PVC塑料作为一种合成材料，在玛瑞·昆特用它来制作服装之前，并非服装用常规材料。而通过她不断的实验，PVC的性能逐渐优化，克服了缝制上的各种困难，从而将非常规服用转换为可服用。可见，在这个创新方法中，找到新素材容易，转化为可服用不易。需要设计师有足够的耐心，对使用方法进行反复实验和改良优化。

当代，克里斯托弗·凯恩(Christopher Kane)是材料创新方面表现最为突出的设计师品牌（图3-4～图3-6）。凯恩毕业于圣马丁，于2006年创立同名品牌。其每一季发布会中，都有令人惊叹的特殊材料及创新设计。而这些辨识度很高的材料和工艺，也成为品牌标签和DNA（图3-7～图3-11）。

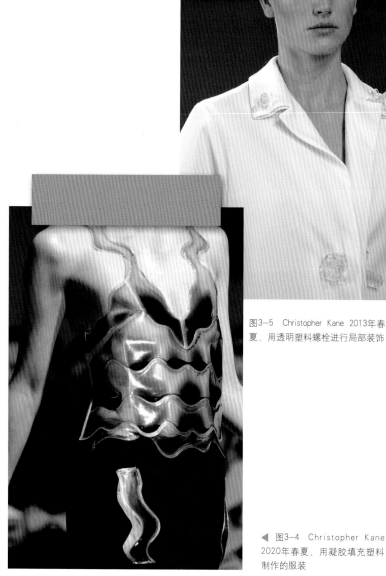

图3-6 Christopher Kane 2012年冬，用软胶电线作为"绣线"整理"绣花"

图3-5 Christopher Kane 2013年春夏，用透明塑料螺栓进行局部装饰

◀ 图3-4 Christopher Kane 2020年春夏，用凝胶填充塑料制作的服装

◀ 图3-8 Christopher Kane 2020年春夏，
用硅胶定型来制作服装

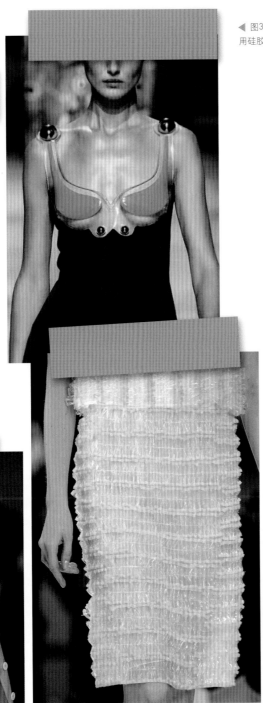

图3-10 Christopher Kane 2020年春夏，用
微波炉加热将锡箔与蕾丝拼合

图3-9 Christopher Kane 2020年春夏，
用塑料浴帽制作服装

图3-7 Christopher Kane 2020年春
夏，用黑色胶带制作图案装饰材料

图3-11 Christopher Kane 2013年春 ▶
夏，用铸压橡胶的方式制作树脂面料

图3-12　以清理灰尘用鸡毛掸作为
画笔，进行图案肌理创新

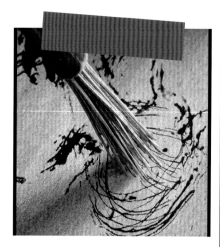

图3-13　用传统洗碗具作为画笔，
进行图案肌理创新

图3-14　用指甲油替代颜料，进行
图案肌理创新

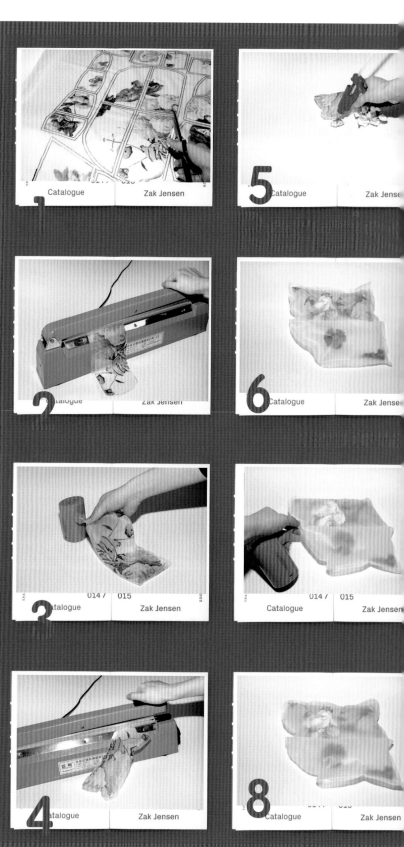

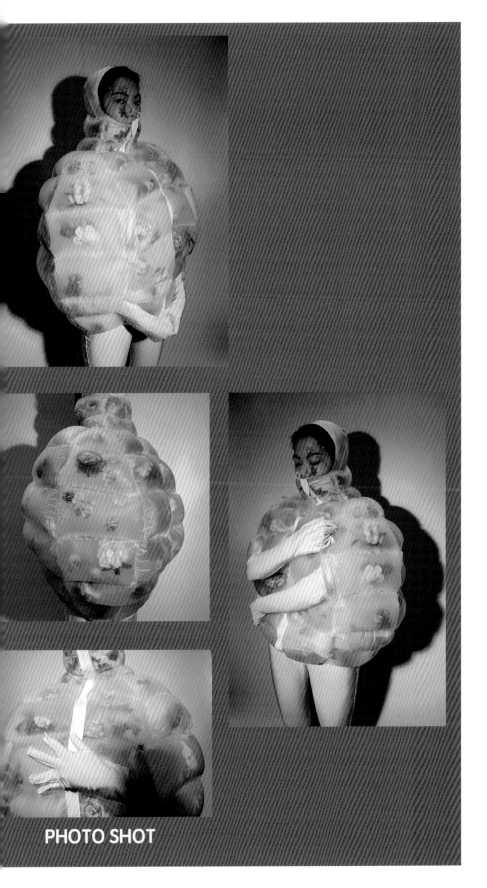

改造手段创新，一般有两种思路。一是在传统手段基础上，进行不同工具的使用，从而达到改造效果的创新。比如，传统手绘以画笔作画，我们可以根据主题选择非常规、各种形态的工具来代替画笔和颜料，从而得到不同的图案肌理（图3-12～图3-14）。

此外，另一种手段创新的方式，是对材料使用的方式创新。而这种方式创新，往往是伴随着新的材料而出现。或者说，是依据特殊材料的性能，而开发出的新手段（图3-15）。

图3-15　手段创新设计案例
*Renaissance*制作过程及成品图

设计案例：*Renaissance*，王虹元
灵感来源：真空塑料花
关键词：重生、塑料、未来感
案例说明：受到真空塑料花的启发，希望在服装中营造出类似的静止、重生的未来感。
整个设计从材料的实验开始，选择磨砂质感TPU作为主材料，先进行花卉图案的电脑手绘，并在TPU材料上进行图案喷绘。为形成若隐若现的视觉效果和内置塑料花的稳定性，采用双层塑封的方式，即先进行小尺寸的TPU裁剪和充气，再进行大尺寸的TPU裁剪，并进行三边塑封。外层完成后，再将之前的填充包置入，完成余下一条边缘的塑封。

CHAPTER III
Section
2/ Principles
of Fabric
Creative Design

第二节　面料创意改造的原则

根据初学者在面料创意改造过程中，容易出现的问题和错误，本节综合前述内容，归纳出以下设计原则，供大家参考。

一、服务于主题

面料改造的目的是从主题出发，制作能表达主题概念和想法的独特材料。所以，材料的改造和再设计如果脱离主题，或不能服务于主题，均可被看作是无效设计改造。

1. 在调研中寻找方向

创意设计的首要原则，就是以调研为导向。尤其是在面料创意改造过程中，切不可为了改造而改造。没有目的的改造，只是破坏面料，而于主题无益。

另外，当我们在拓展和实现过程中遇到问题，令你止步不前时，比如"我不知道该继续做什么""我不知道该选择什么面料""我做不下去了"……

也许这个时候，你最能依靠的不是老师，也不是任何人，而是你自己的调研。所以，回到调研，让调研中的细节引导你。

2.以关键词为导向

无论是在商业设计还是个人创意设计环境中，有效设计都必然具备两个特征，一是目标清晰，二是时间控制，二者相辅相成。

也就是说，目的不清，必然导致开发过程反复，延误时间，从而缩短了最终完善的时间，最终结果是匆匆上阵，效果不佳充满遗憾。而过程中，不注意控制时间节点，也会影响最终效果，无法表述设计创意的目标。

避免以上情况发生的最有效方法，就是在调研之后的情绪板制作阶段，明确系列设计的关键词，在后期拓展和实现过程中，一切以关键词为导向，确定航道和路线。一定不要因为短期困难和一时兴起，随意改变航道，而不断调整路线规划。

而确定关键词过程中，依旧会面临取舍问题。大部分初学者都会遇到的状况是，设计想法越是"滔滔不绝"，设计过程越是"寸步难行"。

建议大家给自己选定关键词的范围不要超过五个，并且明确选定关键词自己内部的联系，也就是这个系列的设计逻辑。并且依据这个逻辑，进行拓展和完善（图3-16～图3-18）。

在学生时代养成良好的设计和思考习惯，会给自己日后的商业设计工作带来诸多便宜。

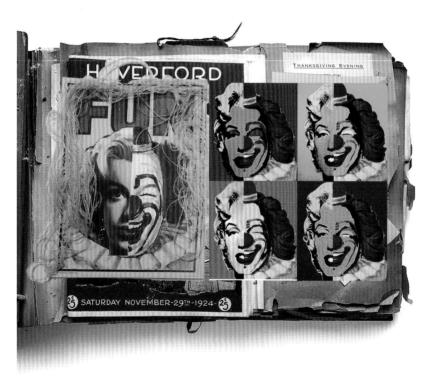

图3-16 调研设计案例《梦露与小丑》

调研设计案例：《梦露与小丑》，杨璇
灵感来源：太阳马戏团表演
关键词：荒诞、波普艺术、美与丑、华丽与粗糙
设计思路：作者在观看了太阳马戏团的表演后，为其华丽的舞台场景和极具震撼力的表演形式所吸引。以这种表演性为线索，也对美国20世纪60年代的音乐剧及同样具有平民意识的波普艺术进行了调研。

通过对几件不同事物的调研，作者抽象了各事物间共性的抽象形式，即不同艺术形式的混合，强化感受力，直白的表达方式，通俗易懂；浓烈的色彩和光影，形成视觉冲击力。之后，作者将所调研事物的共性特征，在自己的设计实践中进行转换。首先，将20世纪60年代的美

丽形象和波普艺术的代表——梦露，以及极具反差效果的小丑形象进行混合，形成主题图案。图案以黄、紫补色为主色，并辅以橙色、粉色。

在图案基础上，展开了二次面料改造设计。结合拼布绣、线绣、珠片绣以及彩色毛皮点缀装饰等手段，形成图案创意改造设计。

此外，为了强化美与丑、华丽与粗糙的对比性，作者以黄色塑料包装绳作为线绣素材，再强调其与毛皮和珠片的华丽质感对比。

除面料二次设计的对比性外，作者也采用了文艺复兴时期的拉夫领结构与现代牛仔夹克等元素的对比，整体设计细节丰富，视觉形象清新，富于创新性。

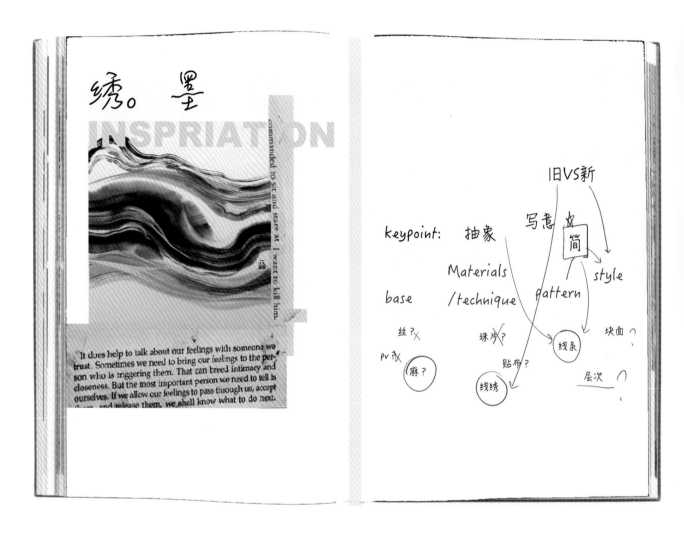

图3-17　作品《绣墨》设计思路说明

设计案例：《绣墨》，陈汐然等
灵感来源：现代抽象水墨画
关键词：抽象、写意、旧VS新
设计思路：课题以现代抽象水墨画为灵感。在基础调研之后，确定了本次设计关键词：抽象、写意、旧VS新。课题设计方向与现代水墨相仿，即以旧的手法表现新的时尚。故而尝试采用线绣这一古老的装饰手法来进行创意设计。
接下来的设计构思中，讨论如何选择底布、绣材以及图案和风格等细节问题。
选择过程中，以既定关键词"抽象""写意""旧VS新"来作为衡量和筛选的标准，因而不考虑过于细腻的丝绸，以及过于现代的PV素材，而采用具有古朴质感的麻为主材料。此外，绣材也选用同样风格的棉线，而图案也选择简洁、写意的山水题材。
设计、制作过程的第一步，是用毛笔模仿写意画笔触在纸上手绘，不断调整比例及线条的流动感后，再将纸样在服装坯布样上进行校正、确认。而后，用水消笔将图样拓印在面料上，再结合长短针、锁针、打籽针等针法表现图像肌理。

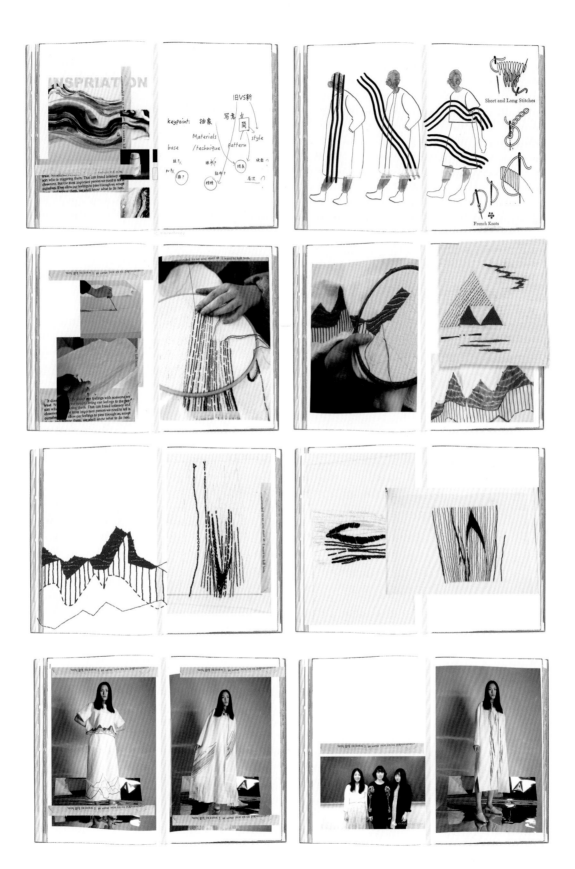

图3-18　作品《绣墨》面料改造设计、制作过程及成衣效果

二、服务于服装

1. 工艺与基础材料性能相协调

在面料改造设计的学习过程中，我们往往从工艺手段的学习入手。因此，很多同学会在了解工艺特点之后，在实践中只关注工艺的效果，而忽视了与工艺相配合的基础面料的性能。

忽视基础材料的性能，可能会造成设计结果违背了二次改造设计的目的，即将合适的工艺用在合适的材料之上，从而创造独特性。只有两个特点完美结合，才能实现有效的创新设计。

面料的基本性能包括厚度、挺括度、垂度、透明度、光泽、色彩等。比如，设想我们用一块非常松散和柔软的材料，去承受厚重的镶嵌工艺，在小样阶段的平摊状态，也许我们不会发现自己在"勉强"材料。但当我们制作服装，并穿着于人体之上时，其结果可想而知。

2. 与造型、色彩构成要素相协调

虽然，面料改造设计可能会成为设计的创新点和亮点，但是再完美的改造结果也必须与造型、色彩要素相配合，无法孤军奋战。

3. 多种工艺手段的主次关系协调

需要注意的是，在一个设计项目中，并非只能使用一种工艺，结合关键词和选用的基本素材，我们一般会采用一个主工艺及若干辅助工艺相结合的方式展开。

主工艺有两方面的特点。第一当然是使用面积相对较大。第二在大面积的使用过程中，不是单一化使用，而是需要有外观和形式上的变化，否则，一个系列的设计会过于单调和乏味。

若工艺之间没有主次关系，或者系列的每一件单品都使用关联性弱且差异较大的工艺，则会使系列显得支离破碎，缺乏整体感。

因此，在面料改造过程中，我们要注意区分工艺的主次，强化主工艺的灵活性，协调主次工艺的比例关系，做到相辅相成，融会贯通。

图3-19 多种工艺手段结合设计
案例Silent Fluttering

设计案例:Silent Fluttering,苏简、陈夏雨、宋心怡
灵感来源:窗边的飞蛾
关键词:飞蛾、通透、百叶窗、宁静
案例分析:灵感来自静谧的午后在窗边颤动的飞蛾。作者以飞蛾为起点进行调研,确定设计方向为展现飞蛾的轻薄感和光影的通透感,并且找到了很多具有辨识度的飞蛾特征,包括特殊的翅膀纹路走向及飞停时的翅膀姿势等。
面料二次设计方面,主要以模仿飞蛾的形态和质感为方向。主要采用了镂空和层叠的工艺手段。
其中,镂空工艺主要在两种不同材质上进行。一是半透明纱质材料,二是透明TPU材料,分别进行了飞蛾展翅的形态模仿以及飞蛾翅膀的纹理模仿。
除镂空主工艺外,又选择层叠手法作为辅助工艺。将薄纱剪成多层形状相同、大小不一的裁片,从大到小依次叠加大致6层纱后,在中心对称轴处用一条明迹线固定,以此来模仿飞蛾舞动翅膀所形成的残影。

本章课后练习

①对克里斯托弗·凯恩(Christopher Kane)或类似品牌进行调研,对其每一季度主题及创意面料二次设计的内容进行分类、分析。

②选取本章部分调研案例,进行模仿实践。

③重新回到前次课后调研(第二章节课后作业),尝试将上述模仿实践所学到的方法,应用到自己的调研中,进行初步面料改造设计探索。

Conventional
techniques of
creative fabric
re-Design

第四章
面料创意改造的
常规手法

CHAPTER IV
Section
1/ Embroider
and Quilting
Seam

本章学习目的：

①了解不同类型工艺手段的基本概念；

②了解不同工艺的应用特点；

③了解不同工艺可能应用的二次设计方向；

④通过不同工艺讲解中的案例学习，进一步理解主题、关键词和改造设计的关系。

上一章节中，我们了解了面料创意改造设计的思路和原则，在此基础上，我们在本章节中学习不同的改造手段及其应用特点。

如前述，面料改造可以看作是一种以装饰、美化面料为目的，创新性结合面料特性和工艺手段，最终形成特殊肌理或图案的设计行为。首先，我们需要明确的前提是，实现面料改造的大部分手段，都是在中西方历史中传承和发展的传统工艺，并非现代才有。

在西方，绣、衲、印、染、抽纱、镂空等装饰工艺手段，自文艺复兴时期开始逐步出现，在后来不同时期不同风格的应用中不断发展变化。至洛可可时期，这些工艺手段已相当成熟，也成为上层阶级日常服饰中不可或缺的装饰内容。随着19世纪末高级定制(Haute Couture) 的兴起，西方服装所用手工技艺日臻精湛。

第二次世界大战后，高级定制势衰，随着大批成衣品牌（Ready to Wear）的崛起，一方面，流水线上的服装产品，弱化了手工的装饰内容；而另一方面，随着机械设备的不断发展，传统绣、印等原本需要手工制作的工艺，也可为半自动或全自动的机器所完成，比如种类日益丰富的绣花机等工艺设备。

这些新型工艺设备的设计，在模仿传统技艺的同时，也增加了很多新的技术。机械设备不断更新的动力，一方面来自人们对丰富肌理和复杂装饰的需求，另一方面也来自设计师们在设计创作时，对面料外观丰富性的诉求。从这个角度看，我们利用传统工艺创造出的新材料或面料改造结果，并非毫无商业价值。

我们可以抽象地将传统的改造工艺分为两种类型，即"加法"类型如绣、镶、印、染等和"减法"类型如镂空、抽纱等。

此外，传统工艺多针对的是棉、麻、丝、毛、化纤等基础性材料，针对PVC等非常规服用材料特性的特殊工艺，我们将在本书第五章中进行相应讲解。

第一节 绣、绗、镶

一、线绣与珠绣

1. 线绣

绣，也称刺绣或绣花（Embroidery），是一种以针引线在织物上进行手缝装饰的工艺，也是最为古老的一种面料改造和装饰工艺。

刺绣工艺历史悠久，在不同国家和文化区域中，因针法、绣线和图案风格的差异而各具特色。

由针法来看，较为通用的绣法有平针绣（Running Stitch）、劈针绣（Split Stitch）、打梗绣（Couching Stitch）、打籽绣（French Stitch）、羽毛绣（Feather Stitch）、茎绣（Stem Stitch）、比翼绣（Fly Stitch）、直针绣（Straight Stitch）、链条绣（Single Chain Stitch）、玫瑰卷线绣（Bullion Rose）、乱针绣（Satin Stitch）、锁针绣（Blanket Stitch）、回针绣（Back Stitch）等（图4-1）。

利用线绣工艺装饰面料的方法，一般有三种。

一是将不同色彩或质地绣线，结合不同形态针法或绣法进行刺绣，以形成色彩、图案或高低起伏的表层肌理变化（图4-2、图4-3）。

二是将传统针法进行局部放大，将线性针法转换为块面装饰图案（图4-4、图4-5）。

三是用新型素材替换传统绣线（图4-6～图4-10），又或者是用新型素材替换底布（图4-11～图4-13）。

2. 珠绣及其他

除单纯的线绣外，还有以线带入其他辅料进

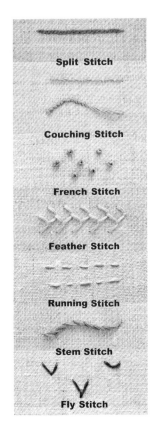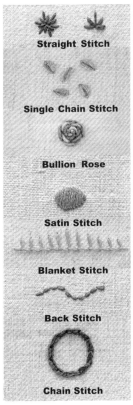

图4-1 传统绣花针法示意图

图4-2 混合多种绣法和色彩形成肌理

图4-3 打籽绣和贴布绣结合

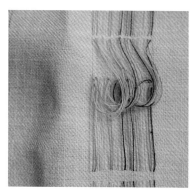

图4-4 延长平绣浮线长度形成卷曲肌理效果

图4-5 利用涤线的韧性形成浮线自然卷曲

图4-6 用染色包装塑料绳作为绣线形成创新

图4-7 用胶管电线作绣线形成创新

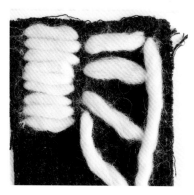

图4-8 以羊毛湿毡毡化成粗线作绣线以创新

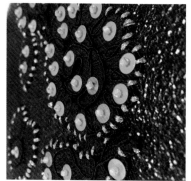

图4-9 多股丝线绣结合珠绣

图4-10 夏帕瑞丽20世纪30年代珠绣作品

图4-11 在无纺布上进行直针绣

图4-12 包装塑料绳结合珠片绣

图4-13 用透明纽扣替代珠片进行平绣

图4-14　线绣面料改造案例*Beatus*

线绣面料改造案例：*Beatus*，舒淇
灵感来源：反映20世纪70年代伦敦摇滚及涂鸦文化的老照片
关键词：涂鸦、文字、不规则线条、模糊块面
设计思路：在调研了反映20世纪70年代伦敦音乐艺术文化的基础上，选择了部分唱片封面和街头标志，进行手绘模仿，结合自己对当时音乐的感受，利用厚重、质朴的粗棉线进行线绣实验。得到部分材料小样后，结合自己喜欢插画师的人物形象，进行快速拼贴设计。

行刺绣的形式，常见的有珠绣（Pearl Embroidery）、贴布绣（Applique Embroidery）、流苏绣（Tassels Embroidery）、蕾丝绣（Hard-anger Embroidery）、毛巾绣（Towel Embroidery）等类别（图4-15～图4-18）。

其中，珠绣兴起于20世纪20年代，也是当时装饰艺术运动在服装上应用的主要工艺。

珠绣多是以线穿珠，进行平绣。因绣珠有细管状、薄片状、颗粒状等不同形态，且色彩丰富，富于光泽，故而相对于单纯线绣，更富层次肌理（图4-19～图4-24）。

而贴布绣，多是不同质地或图案的面料覆在底布上，以锁针的形式进行边缘固定，从而形成有边缘的图案效果。

近年来流行的流苏绣，则是不剪断绣线，而是长长

如流苏般随意排列，又或延长绣
线编辫子，也称辫子绣。

世界上第一台刺绣机是手动
式绣花机，于1832年发明。现
代工业用绣花机，可通过电脑图
案设计，模仿手绣效果，进行批
量裁片绣花。

此外，现代家用绣花机除有
基本的针法设置外，还可以自行
用软件设计或网络下载专用格式
的图案，完成局部绣花。毛巾绣
因绣线特点，成品厚且具有绒感，
似毛巾，故得名。

无论是工业绣花机还是家用
绣花机，都还是模仿手工绣花的
肌理和效果。此外，绣花机技术
的推陈出新也都是依赖于手工创
意绣花的结果。

设计师们所创造出来的改造
工艺，也往往是推动机械工艺发
展的动力之一。

二、绗缝与镶嵌

1. 传统绗缝工艺

绗缝（quilting seam），
与刺绣的相似之处在于都是以针
带线，在织物上走线，以形成图
案。不同的是，刺绣多是在单层
织物上走针，而绗缝则是将多层
织物缝合在一起。

传统绗缝至少有三层材料，
即面布、底布和中间的夹层。依
赖于多层面料的厚度或夹层材料

图4-17 蕾丝贴布绣复合线性珠绣钩边

图4-15 蕾丝绣

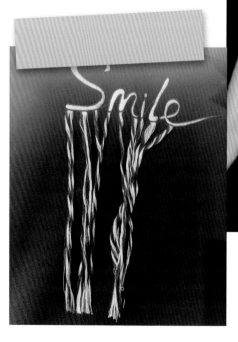

图4-16 混色流苏绣

图4-18 透明欧根纱绒布贴布绣

图4-19　利用不同形态的珠片来模仿花蕊、花瓣及花萼等花卉结构细节

图4-23　利用异色珠片的密集和松散排列形成散点和块面的图案效果

图4-21　珠片叠绣形成丰富的光影效果和层次

图4-20　同色线绣和珠绣结合效果

图4-22　将羊羔绒面料进行局部剪毛处理，再在凹陷处，以对比色毛线绣花，形成同样具有毛感的凹凸肌理层次变化

图4-24　利用珠管的形态特点，进行串联刺绣，形成自然线条和肌理，从而模仿水纹的特点，形成波光粼粼的视觉效果

的蓬松度以及图案、针迹排列的疏密，从而形成表面凹凸起伏的浮雕效果。

西方自文艺复兴时期开始，绗缝就已广泛应用于服装中。其最初目的是为增强服装牢固度，后逐渐发展为一种图案和肌理装饰工艺。

如图4-25中为18世纪的女裙即以细密绗缝工艺制作。清晰可见的对波骨架构成的花卉纹，非织非绣，而是利用走针的疏密安排，来形成图案的凹凸，针密处凹，针疏处则凸。后也有以彩色布先拼合再绗缝的做法，多作被子和其他挂饰等装饰品（图4-26）。

绗缝工艺的设计改造，一般要考虑三个方面的内容。

一是夹层的厚度和松软度，要与图案密度相互协调。如果夹层厚且松软，绗缝后膨体效果较强，如果图案过于密集，则整体表面凹凸效果较弱。

二是面布本身的光泽感选择。面布若反光能力较强，绗缝后，因凹凸变化则会形成多个反光点，从而造成图案不清晰的结果，整体呈现会过于凌乱，视觉效果不佳。

三是绗缝线的颜色和质地选择。如果整体希望追求绗缝后块面的体积感，或几何抽象图案较多，线色和面布色的差异和对比

可弱化（图4-27）。如若是希望追求线性图案和微浮雕肌理，则需要选择和面布色彩差异度较大的线色，且以双股线走针效果更佳（图4-28～图4-31）。

绗缝可以手工绗缝，也可以平缝机绗缝（图4-32、图4-33）。手工绗缝时，要注意线迹的密度，过于松散，则难形成压缝效果。

大面积平缝机绗缝时，多以打印稿覆在面布之上走针，缝制完毕后，再轻轻地撕掉纸稿。此外，平缝机绗缝时，因机器空间的限制，我们要注意裁片的布幅、夹层厚度、外层面料的柔软度以及图案线条转折变化等因素（图4-34）。

图4-26 先进行异色面料拼接，再进行绗缝的效果

图4-25 18世纪以绗缝工艺设计制作的女裙

图4-27 同色线绗缝凹凸肌理效果

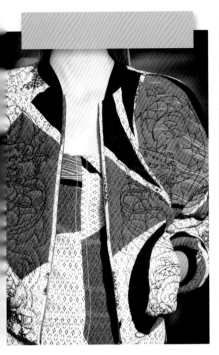

图4-28 异色线绗缝

图4-30 边缘异形图案绗缝

图4-33 平缝机绗缝

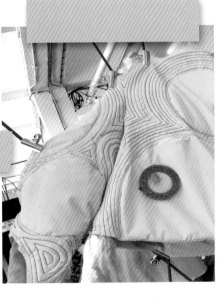

图4-31 多种颜色绗线形成图案

图4-34 同色线绗缝镶嵌辅料缀饰

图4-29 面布与底布异色，异色线绗缝效果

图4-32 手工绗缝 ▶

图4-35　绗缝改造案例《年年有余》

设计案例：《年年有余》，万文琦
灵感来源：中国传统年画，木雕
关键词：浓郁色彩、鱼纹图案、凹凸肌理
改造说明：作者以中国传统民间艺术中的年画、木雕为灵感，采用绗缝、钩针、局部填充等工艺进行材料肌理改造。其中主体面料采用金色化纤面料定位绗缝。先制作基本白坯布版样，再在修改好的纸样上进行定位绗缝图案的设计和绘制，再将纸样覆盖在面布之上进行平缝机绗缝。

图4-36　将耳环挂饰作为素材镶嵌

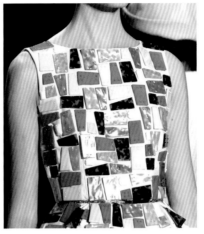

图4-39　将印花有机玻璃作为镶嵌素材

图4-37　将羽毛平压镶嵌于服装表面

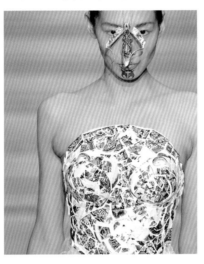

图4-40　将青花瓷碎片作为镶嵌素材

图4-38　将不同形状的木块和石块
作为镶嵌素材

图4-41　将异形切割有机玻璃作为
镶嵌素材

2. 镶嵌

我们可以将镶嵌手法理解成一种缀饰处理。

即在纺织物表面运用不同材料，通过缝、补、绣、黏合、贴、热压等各种装饰工艺在现有的材质上进行添加设计。

镶嵌手法经常和刺绣、绗缝一起使用。在服装上镶嵌人造宝石、珍珠、水晶等，多见于高级定制的礼服设计作品中，可以营造礼服高贵华丽的效果（图4-36、图4-37）。

此外，创意类服装也多有镶嵌工艺的改造，且镶嵌素材多种多样，不拘一格，如羽毛、贝壳饰品、彩色纽扣、小的木雕、镜面碎片、骨骼、金属等非纺织类材料，以期达到特定的装饰效果，展现设计主题和风格（图4-38～图4-41）。

图4-42 镶嵌和连缀设计改造案例 Dancing in the galaxy

设计案例：Dancing in the galaxy，曹祐婉
灵感来源：中世纪镶嵌画
关键词：朋克、镶嵌艺术、外星人
设计说明：作者受到中世纪镶嵌艺术的启发，为多色渐变构成的镶嵌艺术的神秘与华丽所吸引。希望能将这种复古工艺与神秘的外星事物，以及年轻人所热爱的朋克风格相结合，从而形成对比和反差的冲突感。
作者以彩色玻璃片和大理石子为材料，色彩以绿、蓝、黑为主。首先用亚光皮革面料制作出服装的基本版型，以成衣面料作为粘贴镶嵌块的底座，接着按照设计稿在衣服对应位置画上设计草图，再将镶嵌块平铺到草图上，不同颜色的镶嵌块错落分布，摆放完成，最后用黏合剂固定，等待凝固后磨平棱角即可。
将亚克力片与朋克经典元素的五金结合，塑造年轻化的朋克形象。背带裙裙身前片是亚克力拼片组成的完整画面，后片用亚光皮革制作，侧边打气眼用铁环与亚克力相连接完成裙身的制作。
鲜艳的色泽和强烈的反光结合衣服本身亚光的黑色皮革面料，呈现出"艺术品"的精致。
整体穿插着外星人的可爱细节设计，外星人小手制作的肩带及背带，外星人脸的镶嵌画，外星人打碟的印花等，让暗黑朋克的设计风格中增添了有趣可爱的一面。

肩部模拟中世纪镶嵌画的形式排成外星人图案
The shoulder imitates the form of medieval
mosaic and forms the alien pattern

2021 AUTUMN WINTER OVERRANGE 20   ER OV   AUTUMN WINTER OVERRANGE 2021 AUTUMN WINTER

:穿越到现
常搭配 加
uddle a
daily
. mosaic

CHAPTER IV
Section
2/ Paint
and Printing

第二节　绘、印

一、涂绘与喷绘

手绘是用有色工具来绘制图形和表达思想的方式。从最原始的岩画，到如今的触控屏画，手绘的工具和载体不断变化。无论科技多么发达，人们始终没有放弃手绘带来的创意和乐趣。

1. 手绘用工具

利用手绘进行面料改造，是指以不同类型颜料在制作服装的材料上（包括织物和非织物）或成衣上，进行图案绘制的过程。依据工具和效果的不同，手绘又可分为涂绘和喷绘两种。服装面料涂绘所用绘具更为丰富，如丙烯、马克笔等，颜料相对固化一些，而喷绘多用纺织品喷漆。

常规织物手绘媒介有：

（1）纺织品涂料（Liquid Fabric Paint）：相对而言，纺织品涂料手绘效果较为透薄，色彩纯度较丙烯颜料弱（图4-43）。

（2）喷漆（Fabric Paint Spray）：喷漆使用较

图4-43　纺织品涂料

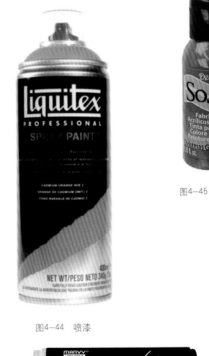

图4-45　丙烯颜料

图4-44　喷漆

为灵活，可大面积反复喷绘，从而改变面料的色彩。也可以通过控制喷射的距离和强度，制作渐变或混色的效果。此外，还能通过制作镂空模板来喷绘具象的图案（图4-44）。

（3）丙烯颜料（Acrylic Paint）：丙烯织物涂料是最常用的手绘媒介之一。丙烯涂料通常能够与织物较好地结合，也相对耐光、耐洗。此外，可以通过柔软剂改变透明度和柔软度，效果更为多样化（图4-45）。

（4）纺织用马克笔（Fabric Marker）：纺织用马克笔，则较适合于着重线条的表达（图4-46）。

图4-46　纺织用马克笔　　　　图4-47　3D珍珠笔

（5）珍珠笔（3D Fabric Paint）：也被称为泡芙涂料，因其着色时，会形成凸起的发泡效果。珍珠笔可以在织物和其他纺织品上创造出非常有趣的图案，是立体画法较为常用的媒介（图4-47）。

（6）荧光纺织颜料（Fluorescence Fabric Paint）：也是丙烯颜料的一种，与常规丙烯的差异主要在着色后会有夜光效果（图4-48）。

图4-48　荧光纺织颜料

2. 不同风格手绘效果

(1) 厚涂法

所谓厚涂法，也称干画法。多以丙烯或纺织品涂料，在不添加调和剂的情况下，厚涂于织物之上。

以这种画法进行面料改造，多追求层叠的笔触感，或与面料底部肌理混合后的层次感（图4-49）。

因此，以厚涂法进行创意改造可以根据情绪氛围，寻找适合且有特点的笔刷进行实验。此外，为加强肌理感，可选用本身有一定肌理或暗纹的底布，以增强视觉肌理和层次（图4-50）。

(2) 湿画法

与厚涂法不同，利用湿画法进行图案绘制时，多在颜料中加入适量的水或调和剂、稀释剂，以寻求着画于面料之后，轻薄、柔和的渐变层次感，或者色相叠加后的色彩变化。

相对于数码印花的单一层次图案效果而言，手绘的特点在于，颜料在与面料纹理叠加后，会形成更为柔和、自然的肌理效果。因此，湿画法应用于吸水性较好的天然织物上，效果相对更为自然。此外，应用于织数较小、经纬密度较低的面料上，也可过滤多余的水分，形成更为贴服的画面效果（图4-51）。

图4-49　厚涂手绘改造案例*Rock and Rip*细节和效果图

设计案例：*Rock and Rip*，姚月
灵感来源：龟裂的大地
关键词：枯萎、龟裂、斑驳、撕裂
改造说明：该案例灵感来自因为没有雨水而枯萎的大地，设计创作的初表是力图刻画被人为破坏的大地及枯萎与撕裂的沧桑感。整体设计以黑灰和暗红皮革为主材料，用白色皮革丙烯进行局部层叠厚涂，待基本固色后，轻微揉搓，以形成自然的龟裂纹肌理。服装整体造型，以碎片化改造材料进行不规则拼接形成。

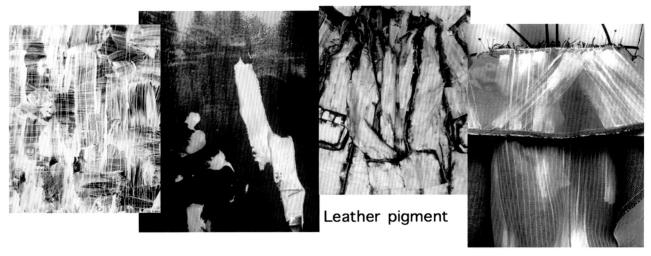

Leather pigment

图4-50　厚涂手绘改造案例 *freeze* 细节和成品图

设计案例：*freeze*，陈佳琳
灵感来源：日光下的雪地霜冻
关键词：凝结、蓝白交错
改造说明：该系列用到了多种面料改造方法，其中一种是皮革着色厚涂法。采用不同质感笔
刷，进行蓝地上白色颜料手绘，以形成线条的错落感和块面的层次感。

图4-51 湿画法改造案例《岁寒三友》

设计案例：《岁寒三友》，李冬晴，万文琦，刘依纯
灵感来源：蓝染印花
关键词：清丽，自然，层次变化
改造说明：该案例以竹、梅等传统中国画元素为题材，结合传统蓝染的色彩特点进行创意面料设计。以欧根纱为底，用水稀释过的纺织品颜料进行手绘。手绘过程中，先以多水量的单色打底，再进行多次叠色。此外，再在手绘基础上，用同色光泽丝线进行局部平针绣，加强虚实变化。并用本白麻质面料，剪出竹叶形状，局部抽纱后，用沾有颜料的毛笔进行边缘局部染色。最终形成由绘、绣、抽、染四种工艺结合所带来的丰富层次感。

（3）立体画

所谓立体画，是借助于一种新型的手绘画具——"珍珠笔"进行图案创作的方式。珍珠笔原是一种手作DIY装饰颜料，有瓶装和管装样式，作画时挤压瓶身，颜料从尖嘴中挤出后，形成较为规则、饱满的颗粒状形态，因形似珍珠，故而得名。

若以珍珠笔进行直线和曲线绘制，则会形成宽窄不一的立体装饰线。珍珠笔可用于整体作画，也可用于其他颜料平绘图案中的局部装饰（图4-52）。

（4）喷绘法

手工喷绘，是指利用容器的喷嘴设计和压强原理，将置于容器内的液体颜料以雾状的形态进行喷射，以形成色彩着色和图案变化。喷绘是街头的涂鸦艺术中，最为常用的一种绘画工具。因此，想要在面料改造中，模仿涂鸦感效果，可以采用喷绘进行实验。

图4-52 珍珠笔改造案例Rockabilly Club

设计案例：Rockabilly Club，曾月
灵感来源：20世纪50年代的日式摇滚俱乐部
关键词：日本文化、标志性图案、皮革手绘
改造说明：创作灵感来源于日式摇滚俱乐部的成员服装。比如，成员独有的皮革夹克以及牛仔外套上的刺绣和手绘装饰。作者选择了同样类型的材料，在不同肌理效果的皮革和牛仔面料上进行不同方式的花卉图案绘制。并且结合刺绣工艺，给手绘面料增添丰富细节。

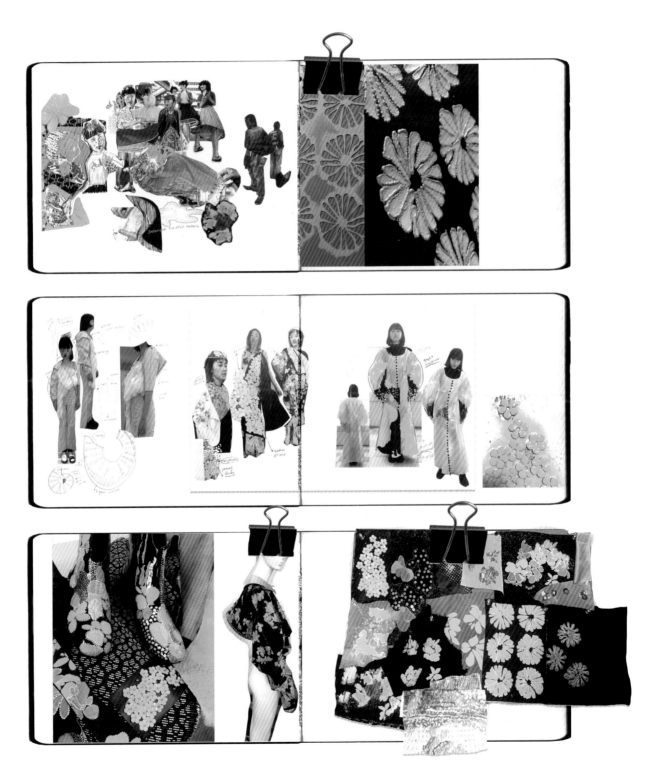

图4-53 喷绘改造设计案例《荷塘月色》

设计案例：

《荷塘月色》，范一飞等

灵感来源：INS水墨人物画博主作品

关键词：光影、虚实、朦胧

改造说明：整体设计以水墨花卉为主题。为了营造朦胧月色下花影摇曳的氛围，作者采用了制模喷绘的方式，在本白的麻质面料上进行肌理改造。具体流程是，先用刻刀在白卡纸上，雕刻不同花卉形态模板，之后，经过反复实验，根据面料的吸附性能，调整最佳的喷射距离，再在半成衣上，进行定位图案制作。整体制作中，需要不同模板，进行多次叠加喷绘，方才完成极具东方意味的月色朦胧感。

雾状着色的特点有两方面，由于着色点细小，因而多次层叠喷绘，具有较强的层次感和朦胧的雾面效果（图4-53）。此外，图案边缘较为模糊，边界不清晰，在小面积服装材料上，较难形成具象的图案形象。

若是希望以喷绘形式，形成较为具象的图案，可以采用模喷的方式实现。也就是先用硬纸板或PV板，镂刻出图像细节，再将模板覆盖在面料上，进行喷色。

此外，手工喷绘改造中，适宜选择棉、麻或皮革类表面吸附力较强的材料，以免脱色和移位（图4-54）。

图4-54 喷绘改造设计案例*Golden Age*

设计案例：*Golden Age*，袁满
灵感来源：YSL品牌的黑管口红
关键词：黑金、性感、朋克
改造说明：受到YSL品牌黑金包装的口红启发，联想到该品牌于20世纪70年代推出的吸烟装设计。曾经风靡一时的吸烟装，可谓是反传统性感设计的典型代表。作者希望能借助模仿口红的金属质感和黑金配色，来打造一种不同的性感风格。

作者选用了具有一定女性意味的流苏和具有朋克标签的金属别针作为基本素材，对两种元素进行不同方式的喷绘改造。将经过重组改造的别针、项链及胸衣，进行反复多次喷绘。之后，又在形成服装主体的流苏上进行模喷形成嘴唇图案。

二、模印与拓印

1. 模印

面料改造中最常见的模印工艺，其一般流程是先制作一个印花模具，再在模具上涂抹纺织品用颜料或油墨，进行手动按压式印花（图4-55），其原理和最初的活字印刷一样。传统模印用模具，多以木头雕刻而成。对于初学者而言，建议使用手作用橡皮章作为雕刻素材，更易于控制。

除制作模具外，面料改造中，常使用特殊素材作为媒介进行印花。所谓特殊素材，是指表面有明显凹凸肌理的物品。如果细心观察，很多日常用品都会具有特别的肌理和纹路。将这些肌理配合不同色彩以及底布自身纹理，可以制作出有趣而特别的面料（图4-56～图4-59）。

2. 拓印

常规的拓印，是指将面料覆于有凹凸肌理的模具或物品上，再用颜料在面料上涂抹，从而得到一种类似底纹的图案。以此种方式进行拓印，需要选用较为轻薄和柔软的面料，拓印时需固定好位置，以免面料移位（图4-60）。

除上述方法外，还可以以锤压方式进行拓印。如图4-61中，选取新鲜饱满的树叶，覆于经纬较为稀松的麻质面料上，再在树叶上盖一层轻薄的硫酸纸。用锤子小力反复锤压。之后，当我们移开纸和树叶后，可以看到树叶自身的颜色和轮廓、脉络都清晰地拓印在面料上。

图4-55　在木质手托上，黏合不规则橡皮胶条，再用海绵体蘸取颜料，涂抹胶条表面

图4-58　将新鲜树叶作为模具，在其表面涂抹颜料，手动按压在面料上，形成有肌理的印花

图4-56　将玉米作为模具，局部刷染颜料，以滚轮形式进行印花

图4-59　同样是用玉米作为模具，分段涂抹配色，进行印花

图4-57　将废弃电池作为模具的印花效果

图4-60　用锤压方式拓印树叶的步骤图

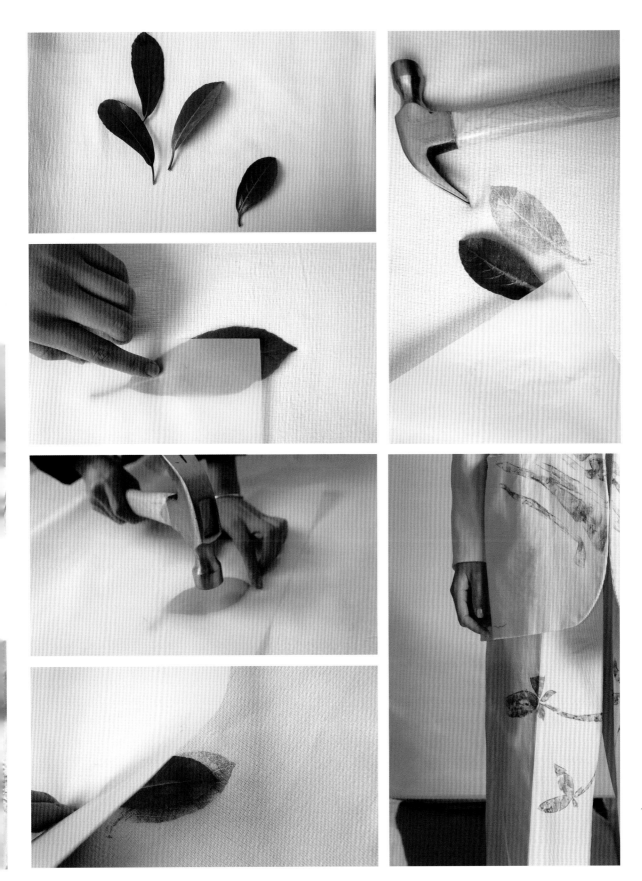

图4-61　用锤压方式拓印树叶的步骤图

CHAPTER IV
Section
3/ Piercing
and Drawnwork

第三节　镂、抽

一、镂空

1. 直接镂空的方法与效果

服装中所说的镂空，是指在完整的面料上进行局部挖空，以形成虚实对比的图案工艺。

直接镂空的方式，多是以刻刀在事先画好图案的面料上进行刻镂。我们以这种方式进行镂空效果设计时，要着重考虑以下三方面的问题。

首先，在考虑图案样式的时候，一定要注意色彩层叠关系，也就是穿着状态下的图案色彩关系。如果是单层镂空，则要考虑面料与肌肤的色彩关系；如果是叠穿形式，则要明确面料与打底服装材料的色彩关系；也有单层镂空，通过里布的花色来衬托出图案。

其次，要考虑镂空的边缘处理。过于松散或轻薄的材料，如针织、纱质材料在镂空时，会因边缘较难平整，而引起图案的变形。

梭织或针织面料在镂空过程中，边缘都会形成毛边。如果毛边效果并非主题所需要的风格，可以采用绣花方式对边缘进行类似锁边的处理，以防止服装在穿着使用过程中，大面积变形。相对而言，不易毛边有涂层的面料或非纺织材料，更适合进行直接镂空设计。

此外，要根据材料性能，设计合理的镂空图案面积和间距。如果面料组织较为松散，镂空密度不宜过密。否则在穿着的时候，会整体下坠和变形，影响整体服装的造型（图 4-62、图 4-63）。

图4-62　镂空工艺设计案例《回忆》

设计案例：《回忆》，田甜
灵感来源：草间弥生的展览
关键词：黑白、花卉、波点、记忆交错
案例分析：作者在参观草间弥生艺术展时，为艺术家的独特艺术表现方式所吸引，并在观展之后对艺术家生平进行了调研。在调研中，作者发现了一张草间弥生幼时手捧菊花的黑白照，并发现在其成长过程中，回忆和空间带给艺术家无限的创造力。由此，作者的设计构思是将艺术家成年后最有代表性的波点图案，与幼时的花卉形象结合。经过一番实验和筛选，最终选择以镂空工艺来表现记忆交错的设计意图。
二次设计主要用到了黑色皮革作为面布，以及波点印花面料作为里布。在皮革上进行花卉形态的定位镂空，镂空部位透出里布的波点图案，借此实现了记忆层叠和交错的设计构思。

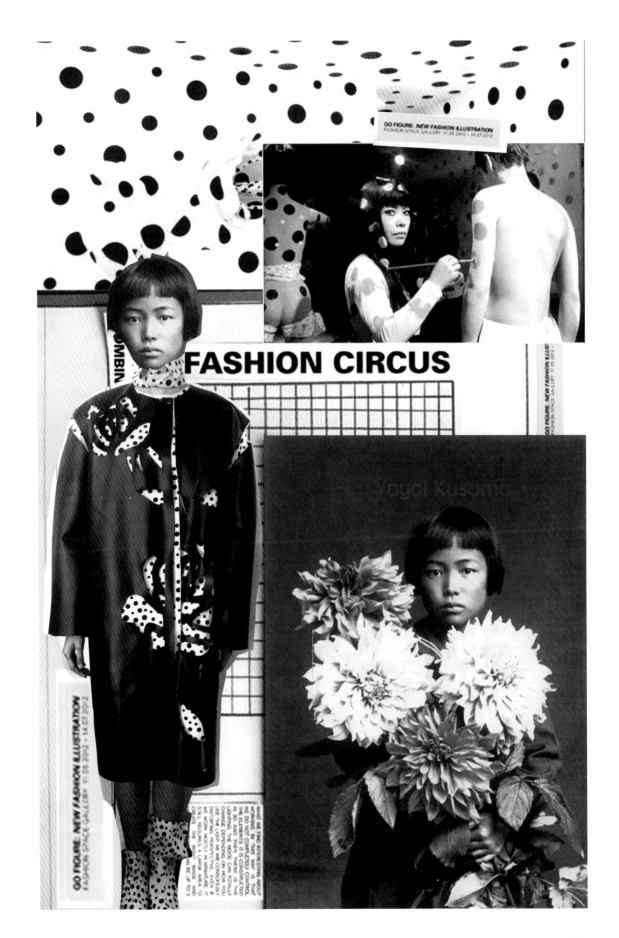

FASHION CIRCUS

2. 模仿镂空效果的其他工艺

除纯粹的镂空工艺外，也可以利用辅料设计完成镂空效果。比如，利用不同大小的气眼进行边缘线性或局部块面的排列，也可以形成镂空的效果。此外，在半透明网纱上进行其他辅料的镶嵌，也同样可以形成虚实的图案效果，其外观与直接镂空极为相似（图4-64）。

此外，将不透明材料与诸如欧根纱、PVC等透明材料进行拼合，也能形成镂空的透视效果（图4-65～图4-73）。

针对一些混纺面料，可以使用具有腐蚀性的酸碱溶液进行面料的镂空处理。因为天然纤维对抗酸碱能力较弱，所以会被腐蚀消融，留下化学纤维的部分，因而产生镂空的效果。

图4-63 镂空工艺设计案例《古埃及》

设计案例：
《古埃及》，朱嘉怡
灵感来源：古埃及墓室壁画
关键词：神秘、仪式感、羽毛
案例分析：作者以古埃及墓室壁画为调研起点，对画中所记录的各种仪式中祭司和王室成员的着装进行了分析，并由此展开了面料拓展实验。首先，在咖色皮革上进行羽毛形态的镂空；又模仿壁画中边框的特点，对白色羽毛进行了局部黑色线条手绘；此外，还收集了一些具有墓室色彩的红棕色及咖啡色羽毛进行镶嵌装饰改造。

图4-64　镂空工艺设计案例Rock the world

设计案例：Rock the world，郑小凤
灵感来源：20世纪70年代朋克街头艺术
关键词：金属、骷髅、半镂空
案例分析：作者以20世纪70年代街头朋克艺术作为调研对象，将文字和骷髅形象的涂鸦视觉艺术，与经典的朋克款式结合。在面料二次设计改造中，选择细网眼作为底布，用大小不一的古铜色五爪钉拼出骷髅的形象，并将改造结果嵌入皮夹克的后片结构中，形成半镂空的视觉效果。此外，还选择T恤局部镂空工艺，以及皮裤手绘工艺进行结合应用。

图4-65　皮革激光定位刻画工艺

图4-67　利用透明与不透明材料拼接形成
的局部半镂空效果

图4-66　皮革压花后，再进行局部镂刻形
成的半镂空效果

图4-68　在透明材料上进行图案印花，形
似镂空效果

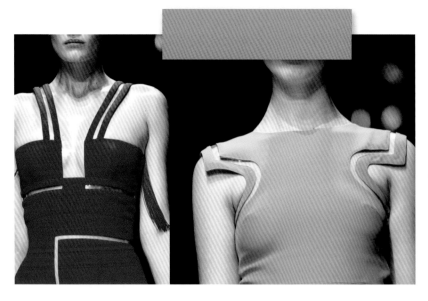

图4-69　在大面积镂空处，垫缝透明PVC
材料，形似镂空效果

图4-71　大面积不规则镂空，以气眼形
式，用双面金属环封闭边缘

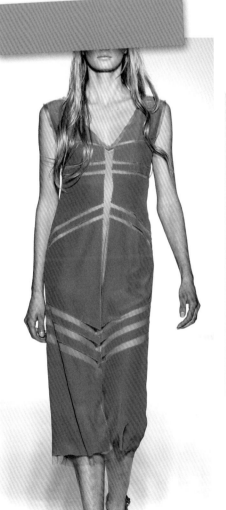

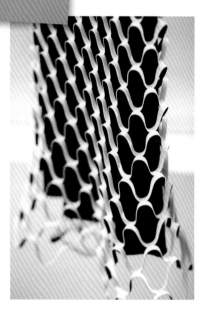

图4-70　丝绒材质定位烂花效果

图4-72　在毛皮设计中，也经常有皮革图
案镂空后，再镶嵌长毛毛料，形成凹凸肌
理效果

图4-73　利用剪纸工艺对面料进行图案处
理，在穿着状态下，面料下坠形成了镂空
效果

二、抽纱

1. 抽纱工艺及材料

与镂空工艺效果相仿，抽纱（Drawnwork）也是一种形成虚实图案的工艺手段。抽纱工艺最早起源于意大利，是伴随着蕾丝的制作而形成的一种面料再处理工艺。抽纱工艺，是指将梭织面

料上的部分经纱或纬纱剪断或抽去，从而形成局部凹凸起伏的浮雕般的半透明效果。

狭义的抽纱工艺，也可以等同于传统的蕾丝制作工艺，即将抽出且并未剪断的纱或纬纱，作为绣线，进行局部绣花，以形成更为强烈的虚实图案变化。

抽纱所用面料一般为单色，也可以是经纬向纱线异色的材料。常规用材料为平纹布、棉布、亚麻布、牛津布等。抽纱技术和效果完成度，受布纹的限制，一般而言，纱线较粗、密度较低的织物易于操作（图4-74、图4-75）。

2．抽纱的方式及类型

常规所用抽纱工艺，有以下四种类型。

（1）直线抽纱：是指只抽掉经向或者纬向的部分纱线，图案以线性横向或纵向方式展开，以线的疏密排列形成图案块面。

（2）流苏抽纱：在直线抽纱的基础上，保留部分抽出的浮线，修剪后的抽纱部分有类似于流苏的视觉效果。

（3）毛边抽纱：也可以看作是边缘抽纱。是指在裁片边缘将交错的经纬纱线打散，或将部分纱线抽剪，以形成边缘自然毛边的效果。边缘抽纱多

用于牛仔或半透明材质设计中，目的在于，用抽纱工艺避免边缘三折边缝合的厚度和色彩变化。

（4）格子抽纱：所谓格子抽纱，是指同时对经向及纬向的纱线进行移除，形成格子纹路视觉效果。

图4-74　抽纱工艺设计案例Drawnwork制作过程图

设计案例：Drawnwork，姚瑶、彭洋、周依楠
灵感来源：自然界的光影
关键词：抽象图案、层次、抽纱
案例分析：此课题为小组合作设计项目成果。同学们经过前期调研和材料模仿实验之后，选择抽纱作为这次设计的主要工艺，在面料二次设计过程中，几位同学分别针对自己选定的图案，进行了抽纱工艺的拓展。有利用直线抽纱、断点抽纱的方式形成块面图案；也有用流苏抽纱的方式，形成花叶轮廓的起伏肌理；还有采用格子抽纱与直线抽纱结合的方式，来形成图案更为丰富的明暗层次。
课题整体采用水洗牛仔面料，利用经纬纱线蓝白异色的特点，形成蓝地白色半透明图案肌理。制作流程上，先完成坯布打样、制版，再进行裁片图案定位。抽纱时，先以消色笔进行图案绘制，再用镊子逐根挑取纱线剪断。抽纱工艺耗时较长，需要足够的耐心和细心。

图4-75 抽纱工艺设计案例 *Drawnwork* 制作成品图

COLOR AND FABRIC TO BE CONTINUE

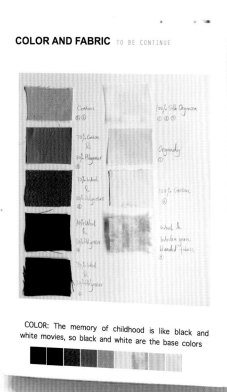

COLOR: The memory of childhood is like black and white movies, so black and white are the base colors

FABRIC TRANSFORMATION OF WORSTED: Damage to fabric (fabric gets long time friction and pilling)

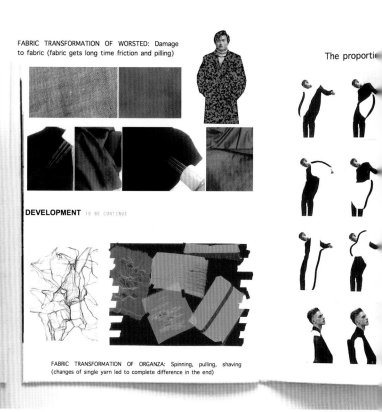

DEVELOPMENT TO BE CONTINUE

FABRIC TRANSFORMATION OF ORGANZA: Spinning, pulling, shaving (changes of single yarn led to complete difference in the end)

The proportic

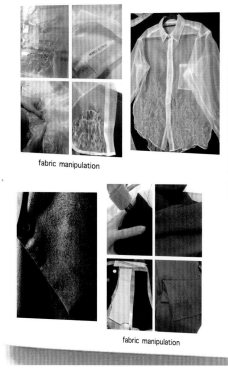

fabric manipulation

fabric manipulation

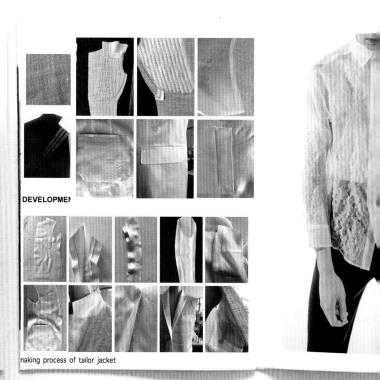

DEVELOPMEN

making process of tailor jacket

102

图4—76　设计案例*To Be Continue*制作过程及成品图

设计案例：*To Be Continue*，陈佳琳
灵感来源：童年
关键词：抽象图案、支离破碎、黑白
案例分析：课题灵感来自作者童年记忆。整体系列为男装设计，根据调研选取了黑白灰色调的羊毛、欧根纱及棉为主材料。
再根据不同材料的特点，进行了不同方式的破坏实验探索。比如，利用制作羊毛毡所用的戳针，对羊毛面料及欧根纱进行了点戳破坏处理；此外，也对棉布进行了直线形抽纱工艺的处理。

CHAPTER IV
Section
4 / knitting
Folding and Overlay

第四节　编、叠

一、编与织

1. 手工编织

如果说刺绣是最原始的服装面料装饰工艺，那么编织则被看作最原始的服装材料制作工艺。

手工编织可以粗略地被理解为，将多股线、绳或带状材料，按照不同的规律相叠、交错，从而形成稳定的块面织物的过程。

传统手工编织工艺针对的不只是服装，还有大量日用器皿。按原料进行分类，传统手工编织可分为竹编、藤编、棕编、柳编、皮编、草编、麻编等，所用材料具有一定韧性。可以说，古老的纺织技术和现代的纺织机器，都是在模仿手工编织的基础上，逐渐发展演化而来的（图 4-77）。

从交错规律来看，手工编织可以分为平纹编织、斜纹编织、花纹编织、编辫等不同类型。在面料二次改造设计中，以平纹编织和斜纹编织最为常见（图 4-78、图 4-79）。

（1）平纹编织，是最基础的交错编织规律，即以经纬线呈 90°角的方式，垂直交叠编织。

平纹编织的优势是较容易固定和稳定，且表面平整。这一特点也决定了平纹编织材料难以实现胸腰臀围的宽窄、弧线变化。

因此，平纹编织设计中，多通过经纬材料的异色、异质，来实现色彩和肌理的丰富（图 4-80）。

此外，也有不少设计师为丰富视觉效果，先将不同质感或色彩材料拼接成条带状，再进行经纬编织，形成独特的图案效果（图 4-81、图 4-82、图 4-90）。

图4-77　以竹编方式制作的服装

图4-79　斜纹皮编局部镂空效果

图4-81　先在条状毛毡材料进行异色拼接，再进行平纹编织，形成独特的屏幕雪花图案效果

图4-78　花纹钩编与辫编结合

图4-80　异色、异质带状素材的平纹编织

图4-82　先在条状毛毡材料进行局部皮质材料拼接，再进行平纹编织

（2）斜纹编织，是平纹编织的发展变化，一般是将带状材料两两斜向交错并局部固定。

斜纹编织最大的优势是，可以调节围度差，所以设计师们经常利用斜向编织改造的材料进行较为合体的服装设计（图4-83～图4-85）。

2. 网底编织

除以上较为纯粹的手工编织改造方式外，也有模仿编织效果的处理方法。

比如，在网眼材料上进行线、绳或带状材料的编织。这样改造处理，在密集排列的情况下，与编织效果相仿，但较纯粹的编织更稳定和易于操作（图4-89）。

此外，也有设计师会先在面料上进行基础定位打孔处理，再在孔洞中穿插不同质地的绳带，以模仿平纹或斜纹编织效果（图4-86～图4-91）。

图4-84 条状欧根纱斜纹编织形成镂空效果

图4-83 用异色条状面料进行间色胸腰部位斜纹编织，腰部以下自然散开，形成流苏效果

图4-85 带状面料打褶后斜纹编织，并以金属辅料在交接处固定面料

图4-86 在毛料上衣上进行密集打孔，将乳胶泡沫条穿插入洞眼中，形成类似平纹编织的视觉效果

图4-88 用多色棉绳进行平纹编织

图4-90 先以混色毛纱进行编织，再在局部纬向穿插异色毛线，形成斑驳、破旧的视觉效果

图4-87 在牛仔上衣上进行平行等间距打孔，再将毛线穿插入孔洞中，形成类似平纹编织的间色效果

图4-89 在细密网眼布上，用多色丝带进行不规则穿插，形成编织效果

图4-91 在毛料半裙上打孔，穿插雪纺布条

图4-92 手工编织设计案例PARTY IN CORNFIELDS

设计案例: PARTY IN CORNFIELDS, 陶潇婷、吕欣悦、戴舒婷
灵感来源: 田地里的稻草人
关键词: 绳结、凌乱、堆叠、质朴
案例说明: 作者在课程"暗黑"的大主题下, 利用头脑风暴提取三个设计关键词。在此基础上, 对三个不同元素进行深入调研。"假"作为稻草人调研的切入点, 观察到其用绳结捆绑而形成的夸张关节, 提取绳结作为改造材料, 用松散的麻绳、棉绳模仿稻草人的质感, 用堆叠和不同的绳结来模仿群蛾的凌乱与秩序。用不同材质的绳子进行实验, 探索用编织的手法做面积、体积、廓形和与面料结合的更多可能性。

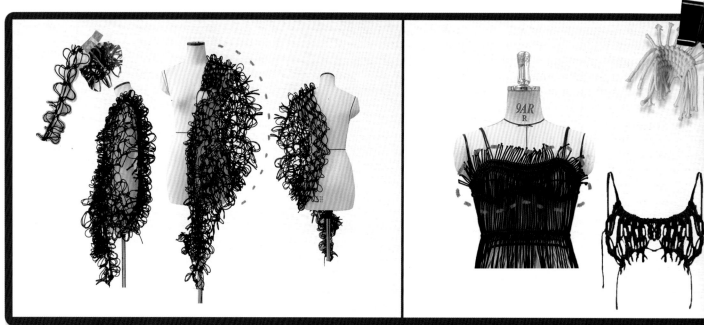

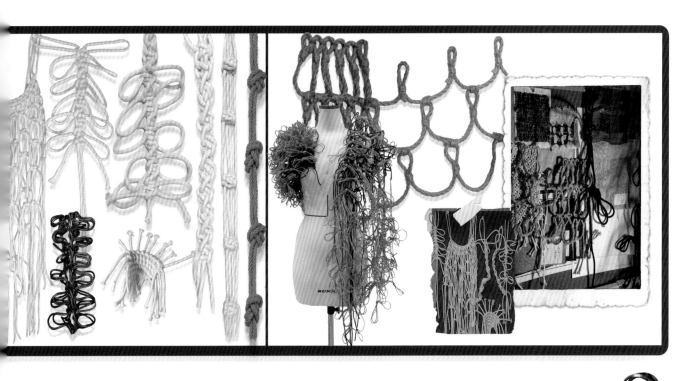

二、折叠与层叠

1. 折叠

折叠犹如折纸游戏一般，面料的折叠是将平面的材料按一定的方向或规律弯曲、定型，从而形成面料表面凹凸起伏肌理的一种材料改造方式。

从折叠方式看，面料折叠有以下四种形式。

（1）直线折叠：其形态类似于手风琴样式褶裥，是按同样的方向及间距，对面料进行压烫或压线定型，最终形成瓦楞状的面料肌理效果（图4-93、图4-97、图4-98、图4-102）。

（2）曲线折叠：是利用面料斜向的弹力和延展力，形成较为自由的曲线折痕和立体形态的一种面改方法。由于曲线较为自由，难以固定，故而，以曲线方式折叠面料，多是在人台上根据人体形态和比例，直接定点并抓取折量，并在转折点外以撬针固定（图4-94、图4-99、图4-100）。

（3）折线折叠：如图4-95所示，以锯齿折线方式折叠，会使平面材料转化为锥体形态。折线折叠要求面料自身的定型能力较强，也可以通过压烫内衬的方式加强塑形能力（图4-95、图4-101、图4-103、图4-104）。

（4）综合性折叠：就是将上述三种折叠方式组合运用，是折叠手法中创意感最强的一种折叠手法。根据想要表达的效果，可以恰当地选择不同折叠手法进行组合运用，从而制作出具有蓬松感和创意感的面料造型（图4-96）。

图4-93　直线折叠示意图

图4-94　曲线折叠示意图

图4-95　折线折叠示意图

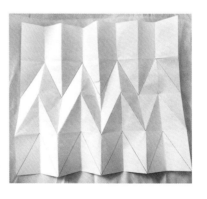

图4-96　综合性折叠示意图

图4-97　设计师葛蕾夫人所创造的葛蕾式打褶法就是利用直线折叠方式形成的雕塑感凹槽肌理

图4-98　面料折叠及肌理改造一直是Noir Kei Ninomiya品牌最为擅长的设计点。该图为品牌2018年春夏发布的一款设计，以白色欧根纱作直线折叠，并以黑色丝带连接

图4-99 不规则曲线折叠的立体效果

图4-101 通过压烫内衬，来完成折线折叠的定型效果

图4-103 折线折叠所形成的锥体效果

图4-100 整身服装以曲线折叠的方式完成案例

图4-102 在直线折叠的面料上，以异色线密拷，形成直线和曲线的对比流动感

图4-104 利用空气层面料自身的挺括能力，形成的折线折叠效果

图4-112 层叠设计案例Summertime Sadness调研及拓展部分

设计案例：Summertime Sadness，邢运洋
灵感来源：泰戈尔《园丁集》（The Gardener）
关键词：棕榈叶、植物园、繁盛、忧伤
设计思路：在暑假即将结束时，作者产生了"美好的事物总是短暂的"感叹。于是，就夏季中一切短暂易逝的美好事物这一命题，作者展开了一系列发散性思考。如同对"夏季"的热爱一样，《园丁集》是作者最为爱不释手的诗集之一，书中以爱与忧伤为主核，以神秘古老的印度土壤为背景的句子带给了作者无穷灵感，结合自

身的感悟，作者最终将设计调研对象锁定植物园。

通过对西式温室植物园以及日式园林的对比调研，作者进一步将目光聚焦在棕榈叶的结构上，试图从棕榈叶的形态、色泽、质感三个方面抽象提炼出"夏季哀伤"的特质。

在对棕榈叶和日式园艺的充分调研上，作者将棕榈叶的形态和堆积、层叠的手法结合起来，力图呈现"盛大却忧伤"的物哀美学。

图4-113 层叠设计改造案例*shadow*的成品图

设计案例：*shadow*，丁晓婷
灵感来源：多光源下的影子
关键词：虚实、参差、飘逸
设计说明：灵感来自物体在多光源照射下所形成的重叠交错的影子。通过图像化调研，作者确定以化纤欧根纱为主要材料，运用黑、白两色表现多光源影子的虚实关系。首先用尼龙面料制作底层的服装，再将欧根纱材料裁剪成两种尺寸的四边形，上下交叉排列来体现影子的参差感。分别进行直线折叠，之后熨烫定型，将四边形按照一定的间距排列后沿着中间的折痕车缝固定在底层服装上。运用这种折叠和固定方式表现出影子的轻盈飘逸之美。

本章课后练习:

①选择一位艺术家进行调研,选择艺术家所创作的艺术作品(1～2幅)进行抽象模仿,尽可能使用不同的改造方式对同一幅画面的形式美感进行模仿;

②以小组为单位,完成一个女装设计项目。小组成员一起完成项目选题以及相关调研,在拓展阶段每位同学选择不同的改造设计手法。进行材料拓展,并完成各自的设计稿。

5.

Re-Design Methods for Special types of Materials

第五章

特殊类型材料的

改造方法

CHAPTER V
Section
1/ Wool
Flet

本章学习目的：

　　①了解几种常用的特殊材料的性能及相应的改造手段；

　　②从材料本身的性能入手，进行创意改造；

　　③了解非常规材料的使用目的及意义。

第一节　羊毛纤维

一、羊毛纤维性能

　　在本节知识点讲述之前，我们首先要明确的一点是，本节所指的改造用素材是羊毛纤维（图5-1），而非一种名为"羊毛毡"的无纺聚合物（图5-2）。

　　羊毛纤维的构成可以分为鳞片层、皮质层、髓质层三部分，而影响其制作性能的主要结构特点在于鳞片层结构。

　　所谓鳞片层，顾名思义，是由类似鱼鳞一样的片状细胞构成。这种构成使得羊毛纤维在形、色、质上具备以下几方面的特征。

　　（1）由于是鳞片结构的天然纤维，羊毛纤维相对于其他纤维而言，在染色过程中吸色能力相对较强。加之表面较为粗糙，反光能力较弱，故而色彩饱和度相对较高。市面上有大量色彩纯度高、色彩变化丰富的羊毛纤维售卖，这也是偏爱色彩的设计师喜爱选择羊毛纤维进行改造的原因（图5-3）。

　　（2）鳞片结构也使得羊毛纤维的抱合力强，纤维本身的延展性较强，故而可对羊毛纤维进行碾压、揉搓（即后续所讲解的"湿毡工艺"），以及用针戳的方式进行不同色彩纤维的交错，达到混色的效果（即后续所指"针毡工艺"）（图5-4～图5-7）。

　　（3）羊毛纤维在热、湿条件及化学助剂的作用下，经外力揉搓、挤压或拉伸，会形成不同程度的收缩和延展的形态，从而形成表面的凹凸起伏和肌理变化（图5-8）。

（4）此外，由于羊毛纤维具有较为明显的热缩特点，在与其他织物拼合后再进行加热熨烫，也会因伸缩而形成"皱感"肌理（图5-9）。

针对上述羊毛纤维的特性，通常有以下三种加工改造手法，即湿毡工艺、针毡工艺、热缩工艺。

图5-1　羊毛纤维

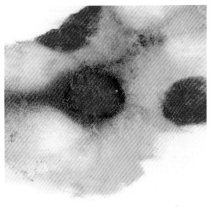

图5-4　利用湿毡工艺形成的色彩效果

图5-7　利用湿.针毡工艺混合制作的花卉

图5-2　俗称为"羊毛毡"的无纺布

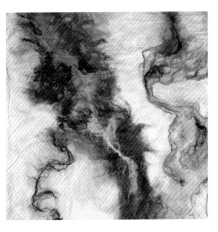

图5-5　利用湿毡工艺形成的色彩效果

图5-8　毡化后形成的表面凹凸肌理效果

图5-3　可在市面上购买到的染色羊毛纤维

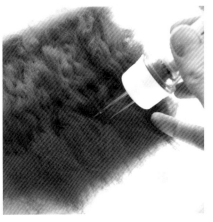

图5-6　针毡操作过程

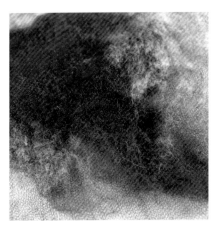

图5-9　与其他材料混合使用的肌理效果

二、湿毡工艺

1. 湿毡工艺基本流程

湿毡工艺，是指在沾有45℃左右碱性肥皂水的羊毛纤维上加压、摩擦，使其毡化的一种特殊工艺。

此工艺使用到的主要工具有羊毛纤维、温水、碱性液体（肥皂、洗涤剂等）、洗涤网布或塑料泡沫纸、卷帘等。

湿毡工艺的操作流程，大体可分为四步。

（1）首先，将团状的羊毛纤维撕成若干薄片，均匀叠铺在塑料泡沫纸上（图5-10、图5-11）。

（2）其次，取适量45℃左右温水，加入1%水量的碱性液体，搅拌均匀。再将碱性温水均匀洒在平铺的羊毛上，并用毛巾轻轻沾去多余的水分（图5-12、图5-13）。

（3）再次，在羊毛上铺上一层塑料泡沫纸，用手轻轻揉搓使其紧实和毡化（图5-14、图5-15），再用竹质卷帘将羊毛卷起滚动，进一步擀压羊毛，加强毡化密度。

（4）最后，将毡化成型的羊毛片平铺晾干，可用熨烫进行少许整烫。

2. 湿毡工艺毡化效果

湿毡工艺做出的毛毡表面平整、紧实。可直接当作面料使用，且片与片之间的连接，可继续采用湿毡形式，也可以用下述针毡工艺衔接，其完成状态类似于手工的无缝拼接，即一片成衣的效果。

利用湿毡工艺将不同色彩的毡片衔接，形成自然的多色拼接效果，塑造质朴的晕染效果。此外，在制作毡片时，可通过羊毛叠压的不同厚度，以及擀压力度差异，来形成具有不同肌理、形态的毡片，从而形成整体服装的层次与肌理（图5-16）。

三、针毡工艺

1. 针毡工艺基本原理

针毡工艺所需要的工具主要有戳针、泡沫垫、羊毛纤维以及底布。针毡工艺所使用的戳针，是一种细长型的钢针，针头上有倒刺形的锋利切口。制作时，先将羊毛卷撕成薄片状，放置在底布上。再用戳针上下反复戳刺，倒刺带着部分纤维来回穿插、交织在底布纱线上，从而使得羊毛和底布合为一体（图5-17、图5-18）。

制作时，可根据预先设置的图案在底部上进行粗略的底稿勾勒，再依据颜色区块，分区进行戳刺，从而形成较为紧实的毡化图案，以及具有不同厚度变化的凹凸肌理（图5-19、图5-20）。

戳针规格在细度、表面造型和数量上都有区别，直径越大的戳针越容易毡化，但容易留下肉眼可见的洞眼。因此，如需要非常细腻的线性图案，可采用较细且多头的戳针。在避免留下洞眼

图5-10　将团状的羊毛纤维撕开

图5-13　用毛巾吸掉多余的水分

图5-11　均匀叠铺在塑料泡沫纸上

图5-14　用手揉搓，使其毡化

图5-12　将碱性肥皂水洒在羊毛纤维上

图5-15　以湿毡工艺制作的毡化羊毛面料

图5-16 利用针毡及湿毡工艺制作服装

图5-19 在制作大片时，需先制作不同密度和色彩叠加的小样

图5-17 将羊毛卷撕成薄片状，放置在底布上

图5-20 大片制作完，可用单头戳针调整局部

图5-18 戳刺时，在底布下放置泡沫垫

图5-21 可用针毡工艺对湿毡工艺完成毡片进行局部修补

的同时，也能提高效率。而如若需要粗犷的野生效果，则可以采用粗针来完成制作。

针毡工艺具有手工制作的独特性和灵活性，易于掌握，应用面十分广泛。羊毛纤维的弹性佳，还原性好，不容易变形，针毡工艺可以制作出精致细腻的图案，一些细节的肌理效果和图案造型在戳刺的同时，一边制作一边修改，这种灵活性是针毡工艺的最大优势（图5-21、图5-22）。

图5-22　可在湿毡工艺制作毡片上，用针毡工艺制作图案

2. 针毡工艺毡化效果

针毡工艺的优势主要在于色彩、图案的表达，其效果可以从与其他类似图案工艺的类比来理解：针毡可以制作色彩丰富、线条细腻和较为具象的图案。相对于印花工艺来看，针毡工艺制作的图案色彩饱和度高，且可手动控制图案表面的厚度和肌理。这也可以看作是用针毡工艺进行图案表达的最大优势（图5-23、图5-24）。

从色彩与图案的表达效果看，湿毡工艺适宜于需要大面积色块衔接和过渡的设计要求。而较为细致和具象的图案设计，则更适合于用针毡工艺完成。因此，也可以根据设计效果，考虑将湿毡与针毡工艺结合。也就是先用湿毡完成大面积的色彩块面过渡，再用针毡形式进行修补、边缘衔接，以及细致图案和肌理的制作。

此外，针毡工艺的另一优势就是可以将羊毛结合在不同肌理风格的材质面料上。如图5-25，即是在透明压皱化纤面料上完成的针毡图案。作者开始用羊毛针毡工艺，来刻画女孩面部的丰富色彩和形态。最后，选择以反面为正面，寻求朦胧的多色图案和透明褶皱之间的融合效果。

图5-23　针毡工艺设计制作案例BAG，张禹婷

125

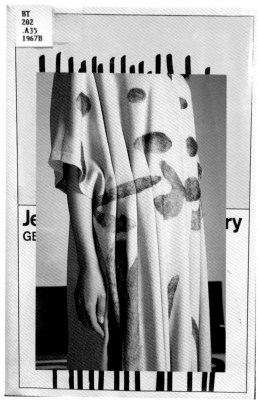

图5-24 针毡工艺改造设计案例《失落的黄金国》

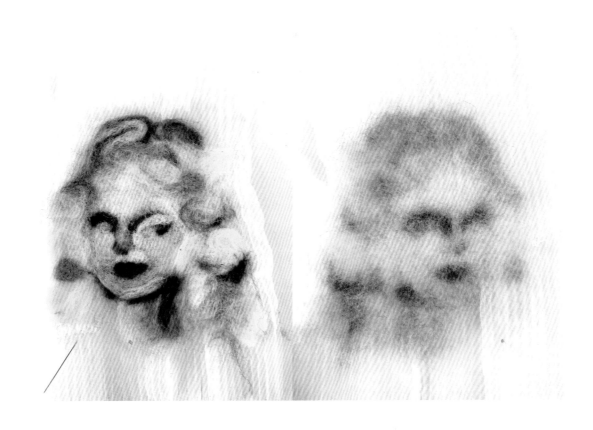

图5-25　在压皱面料上的针毡工艺的正反面效果

设计案例：《失落的黄金国》，匡莹
灵感来源：安第斯文明特展
关键词：大地色、不规则、斑驳
案例分析：作者的灵感来自秘鲁古文化展览——〝安第斯文明特展〞。安第斯文明以现今秘鲁的库斯科盆地和的的喀喀湖为中心，包括秘鲁、玻利维亚、厄瓜多尔、阿根廷和智利的部分地区。在展览中的众多器物中，温暖的色彩和古朴的图案是作者设计创作的灵感。在研究了器物图案的抽象形态特征后，作者选择土黄色毛料作为底布，并在其上用赭石、土红等颜色羊毛进行图案毡化实验。在确定了局部图案小样之后，进行坯布样制作及实物制作，再在裁片上进行最终图案的毡化制作。

CHAPTER V
Section
2/ Unconventional and Innovative Materials

第二节　非常规服用新型材料

一、非常规服用新型材料的类型

1. 新型非常规服用材料

非常规服用新型材料，可分为自然生物材料与人工合成材料两大类。例如，木材、细菌纤维等都可以被看作是自然生物材料类（图5-26、图5-27）。这类材料多为可降解材料，是越来越多提倡可持续发展理念的设计师们所渴望，并不断开发的新型材料。

此外，一些广泛用于其他行业的合成类材料，也开始成为创意服装设计中大量使用的新型材料，比如杜邦纸、树脂、硅胶、金属、有机玻璃、电子纤维等（图5-28～图5-30）。

这类合成材料中，有些材料较为轻薄，具有一定的柔软性，也可以采用常规面料的制作方式进行缝制，比如杜邦纸或较为轻薄的TPU及PVC材料，这些材料基本可以进行常规缝纫操作，但由于是合成材料，不具备熨烫、归拔等工作所需要的性能（图5-31、图5-32）。

针对部分质地较硬、不可弯曲的新型合成材料，多需要先进行不同形状的切割，再印花或染色，使其成为点状色彩元素，再以绣、编的形式进行串联，又或是打孔后以其他辅料串联，最终形成以点成线或以点成面的装饰性材料。

图5-26　用木质材料制作的胸衣

128

图5-27 细菌纤维材料制作的服装

图5-29 硅胶制作的上衣

图5-31 PVC印花材料，以打孔、穿绳的形式固定

图5-28 肌理处理后的杜邦纸制作的服装

图5-30 用金属串联而成的连衣裙

图5-32 将亚克力板进行数码印花，再激光切割成圆片，打孔后以金属环串联

2．树脂材料及其基本性能

在众多的非常规服用材料中，树脂材料是使用最为广泛的一种新型材料。树脂材料（Resin Material）通常指受热后会软化或熔融，且软化时在外力作用下有流动倾向，常温下是固态、半固态或液态的有机聚合物，可分天然树脂和合成树脂两类。

天然树脂是由自然界中动植物分泌物合成的，如松香、琥珀、虫胶等，合成树脂由简单有机物经化学合成或某些天然产物经化学反应而得。塑料、橡胶等材料广义上都是不同类型的树脂材料。

服装中常用的合成树脂类材料，有PVC、TPU等。除服装外，PVC、TPU等树脂材料更广泛地应用于建筑、医疗及其他工业制品中。

作为服装用材料，树脂材料有以下两方面的独特性能。

一是色彩特点。树脂材料可简单分为透明树脂、半透明树脂和有色树脂三种（图5-33～图5-36）。透明树脂和半透明（即磨砂质感）树脂，具有一定的通透性和塑形能力。可与自身或其他材料叠加使用，形成丰富的视觉效果。此外，有色树脂材料的色彩丰富，在色相、明度和饱和度上变化丰富，可供设计师选择的余地较大，也是未来感风格设计中常被选用的面料。

二是强度和韧性特点。树脂材料本身就是在一定温度、压力作用下，经成型技术塑造成的材料，因而量轻且密度较高，具有极强的支撑能力和挺括性，易于制作廓形服装（图5-37）。

此外，由于树脂是非纺织材料，制衣时，不会出现纱线脱散的情况，故而可采取剪边方式缝制，即无须锁边和分缝工艺（图5-38、图5-39）。

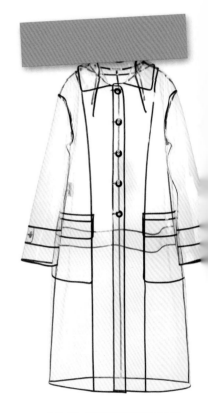

图5-33 透明PVC材料制作的风衣

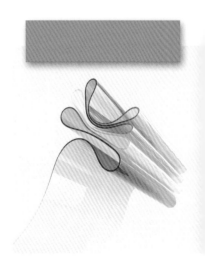

图5-34 较厚的TPU材料，具有较强的挺括性

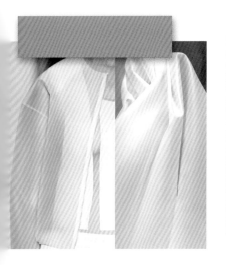

图5-35　半透明磨砂质感TPU材料

图5-37　利用PVC的韧性进行切割和弯曲
形态造型

图5-36　有色半透明磨砂质感TPU制作风衣

图5-38　PVC材质复合叠加后以铆钉固定

图5-39　将PVC材料剪成花瓣状，并以铆
钉进行固定

二、新型材料的特殊改造设计手法

大部分新型材料都可以采用第四章中所讲述的传统改造手法，进行设计改造。除印、绣、编等传统手法外，针对新型材料的特性，也有一些特殊形式的改造手法。

1. 加热形变

加热形变法是利用树脂材料高温可熔的特点，通过高温使材料表面发生收缩而产生形变，再通过降温、冷却从而定型。手工易操作的高温加热工具，有热风枪或酒精灯等。

在采用热风枪进行加热形变时，一般会先保持合适的加热距离，进行大面积加热使材料软化，直到逐渐收缩，再调节到中温进行长时间吹塑，从而形成自然的卷曲和变形效果。

通过热定型法处理的树脂材料，会形成特殊的卷曲肌理或褶皱效果。应用此方法进行树脂材料改造的过程中，需反复进行实验，因为不同厚度的树脂材料随着温度、时长和加热距离等参数的变化，会形成不同卷曲和形变的效果。

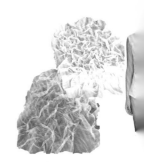

用形变法制作的树脂材料，常和其他材料进行复合叠加，以达到制作服装时更为理想的稳定性（图5-40）。

图5-40　TPU树脂材料热形变改造设计案例《呼吸BREATHING》

设计案例：《呼吸BREATHING》，霍红利
灵感来源：人雨癖者（Pluvionphile）
关键词：湿透、皱褶、不规则、肌肤感
案例分析：作者借人雨癖者喜爱淋雨的欢乐感受，来隐喻不同性格的人对事物的不同感受。
作者研究了大量被雨淋湿后服装的形态，选择透明TPU材质作为系列的主要材料。色彩上，希望借高明度的绿色和透明TPU材质结合，产生波光粼粼的清透感。
在拓展过程中，作者进行了不同方式的热形变和复合法实验，最终选择了对半透明磨砂质感TPU进行热定型改造，形成不规则的褶皱，再将改造材料与色丁等材料复合叠加，形成柔和的肌肤感和湿感。

132

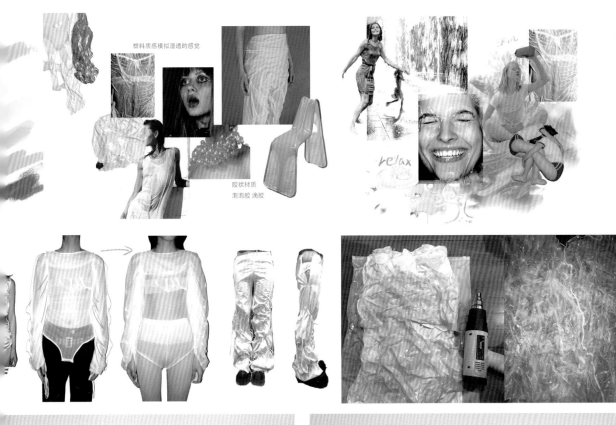

塑料质感模拟湿透的感觉

胶状材质
泡泡胶 涌胶

relax

2. 热熔铸型

热熔铸型也是利用树脂等新型材料具有高温可熔的特点而延伸的一种改造方法。

不同于单纯追求不规则肌理的热形变法，热熔铸型法是在热熔后，借助外部物体或模具进行压印或注塑，从而形成特定的起伏肌理的改造方法。

模具热定型法的具体操作是，通过高温加热使树脂材料软化或熔化，再将软化材料或熔化液体覆盖于特定模具之上，通过进一步加热塑形后，再冷却固化。需要注意的是，手工操作中，每次实验的结果会略有不同。

此外，也可以在材料热熔后，进行吹气、着色等附加步骤，会形成更多意想不到的特殊肌理和色彩效果（图5-41、图5-42）。

图5-41　树脂热熔着色设计案例《花样花色》

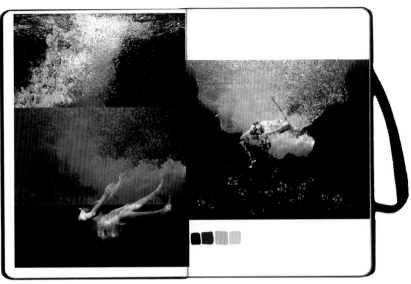

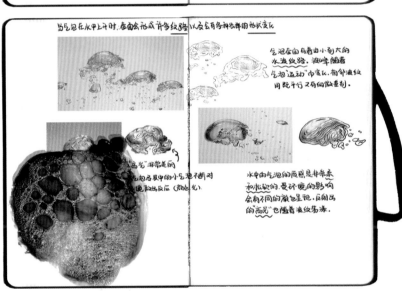

图5-42 树脂热熔设计案例《沉溺》

设计案例:《沉溺》,董佳月、廖文蕾、唐柳英
灵感来源:摄影作品
关键词:气泡、透、轻盈、沉重、暗黑
案例分析:设计小组在确定了情绪板后,展开了针对模仿气泡的材料拓展实验。针对气泡本身透明的视觉特点,作者最先想到的是透明树脂材料,但此类材料只能有透明光滑的特点,无法呈现密集、柔软等效果,如果复加钉珠工艺只是浅显的模仿,并且单一无变化的空间。
在透明的能承载气泡的基础上,联想到烧制玻璃的形态:透明、颜色丰富、形态多样,内含有气泡。
于是试图寻找更轻便的材料,能模仿烧玻璃的特性,最后找到能够自己操作的吉利丁材料。
吉利丁虽然本身颜色呈浅黄,但是加热熔解后是透明形态,并且颜色可以通过自己添加色素或颜料自己控制。
在未干透之前还能通过增加泡泡水来吹出独特不重复的气泡纹理,表现气泡剔透密集的特点,密集的气泡相互重叠也会形成柔软的视觉效果。

5. 切割与串联

串联工艺主要运用于质地相对较硬的非常规服用材料，如金属、木材、玻璃等。因为此类非常规服用材料无法如面料一样自然贴合人体，故而需先将其切割成若干小面积的块面，再以打孔、开口环、绳、线、铆钉等辅助手段进行多点连接和固定，最终形成较大面积，且可随着人体曲线自由转折的服装材料。

图5-45　树脂热熔改造设计案例FACE

设计案例：FACE，姚瑶
灵感来源：面部雕塑艺术品
关键词：变形、面部、窥视、刺
案例分析：整个系列刻画的重点是五官及情绪表达。作者采用的基本素材为日常所用的彩色塑料吸管和装饰彩带。作者先用热熔的方法将不同颜色吸管的一端熔化，待冷却前，将吸管固定在针织网眼底部上，再进行吸管的长短修剪，以形成立体五官的造型，以及大面积体积塑造。

一方面，经过串联形成的面料，因为有了连接间的缝隙，更容易转折而形成弧度变化，进而更贴合人体形态；而另一方面，可以通过调整串联手段的大小、疏密及排列，使得服装更贴合人体不同部位的形态，达到立体塑形的效果；还可以通过调节串联方式，形成块面的交错或重叠等不同肌理效果（图5-46）。

亚克力、金属等素材，多采用激光切割的方式处理，而相对柔软一些的树脂材料，如TPU或其他橡胶等，我们也可以采用手动剪、切的方式完成。

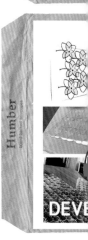

图5-46　TPU与亚克力改造设计案例 *Hannibal*

设计案例：*Hannibal*，屠秋苑
灵感来源：美剧 *Hannibal*
关键词：盔甲、鸢尾花、伪装、保护
案例分析：此系列以连环杀手汉尼拔作为灵感来源，进行了一次有关于"伪装"与"保护"的设计。
作者首先调研了中世纪盔甲的拼接方式和甲胄的不同编织方法，在选择主材料时，作者的思考是：模仿甲胄和盔甲的形式表达"保护"的设计意图，但出于"伪装"和设计点，希望用半透明TPU去替代传统甲胄中的金属或皮革。此外，结合鸢尾花花瓣形状进行新的排列与组合，通过改变花瓣的大小与叠放位置拼接成盔甲，再运用铆钉进行拼接。为了加强对比效果，作者希望利用羊毛毡温暖柔软的特性来表达花朵。于是，先在TPU面料上将羊毛摆出鸢尾花的形状，而后使用乳胶以及针毡法将其固定在TPU面料上。花和盔甲相互呼应，相互结合，形成坚硬与柔软的强烈对比。

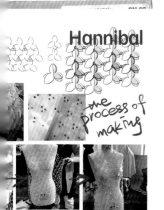

本章课后练习:

　　以小组为单位,完成一个环保主题的设计项目,以日常生活中的塑料废弃物为素材,进行改造设计。

参考文献

[1] (美)金伯利.A.欧文.高级服装面料创意设计与工艺[M].倪明译.上海：东华大学出版社，2020.

[2] (英)布拉德利·奎恩.纺织品设计新势力[M].郭成钢译.杭州：浙江人民美术出版社，2011.

[3] 陈莹，丁瑛，王晓娟.服装创意设计[M].北京：北京大学出版社，2012.

[4] 张纪文.闫学玲.钱安明.服饰手工艺[M].合肥：合肥工业大学出版社，2009.

[5] 梁惠娥等.服装面料艺术再造[M].2版.北京：中国纺织出版社，2018.

[6] 王革辉.服装材料学[M].2版.北京：中国纺织出版社，2010.

[7] 刘楠楠，陈琛，巴妍.服装面料再造设计方法与实践[M].西安：西安交通大学出版社，2018.

[8] 徐蓉蓉等.服装面料创意设计[M].北京：化学工业出版社，2014.

[9] 骞海青.服装面料创意设计[M].上海：东华大学出版社，2019.

[10] 何苗.面料设计与环境艺术[D].武汉：湖北美术学院，2018.

[11] 董馨韵.面料再造技法的探索与研究[D].苏州：苏州大学，2019.

[12] 潘维梅.服装面料创意设计中现代纤维艺术创作手法简析[J].戏剧之家，2019(03).

[13] 沈谧娴.探讨装饰工艺在服装面料再造设计中的运用[J].居舍，2019(25).

[14] 张莉.解析服装设计中的面料再造[J].美与时代(中)，2013(02).

[15] 刘丁，吴文利，牛爱雯，等.服装面料二次设计中的创意思维方法[J].丝绸，2009(05).

[16] 姜红惠.抽纱在服装设计中的应用与研究[D].上海：东华大学，2007.

[17] 赵唯.镂空织物艺术表现形式在现代服饰中的运用与研究[D].西安：西安工程大学，2015.

[18] 冯艳红.漫谈抽纱在服装设计中的运用[J].现代装饰(理论)，2015(09).

[19] 刘晓瑜，刘宇翔，黄佛连.谈胎牛皮在编织工艺中的应用[J].西部皮革，2021，43(03).

[20] 李洁.皮革编织工艺与设计[J].美术教育研究，2012(11).

[21] 胡楚楚.编结手工艺在现代服装中的研究与应用[D].武汉：武汉纺织大学，2018.

[22] 付雅莉.非服用材料在创意服装中的应用[D].天津：天津工业大学，2016.

[23] 侯晓蕾.亚克力材料在现代服装中的应用与研究[D].大连：大连工业大学，2019.

[24] 王婧婧.羊毛针毡工艺在服装面料设计中的运用与创新[D].上海：东华大学，2016.

[25] 刘青.羊毛毡工艺手法在服装面料再造中的应用研究[D].深圳：深圳大学，2017.

References

[1] Jenn.Udale.Textile.an.Fashio.. Explorin.Printe.Textiles.Knitwear. Embroidery.Menswea.an.Womenswear. Bloomsbur.Academi..Professional, 2008

[2] Ja.Calderin.Fashio.Desig.Essentials.10. Principle.o.Fashio.Design.Rockpor. Publishers.2011

[3] Josephin.Steed, France.StevensonBasic. Textil.Desig.01.Sourcin.Ideas. Researchin.Colour.Surface.Structure. Textur.an.Pattern, Bloomsbur. Publishing, 2012

[4] Colett.Wolff.Th.Ar.o.Manipulatin. Fabric.Kraus.Publications.1996.

[5] Ezinm.Mbonu.Fashio.Desig.Research. Laurenc.Kin.Publishing.2014.

[6] Rut.Singer.Fabri.Manipulation. F&.Medi.International.2013.

[7] Ja.Calderin.Fashio.Desig.Essentials. Rockpor.Publishers.2011.

[8] Chery.Rezendes.Fabri.Surfac.Design. Store.Publishing.2013.

[9] Elino.Renfrew.Coli.Renfrew.Basic. Fashio.Desig.0.Developin..Collection. AV.Publishin.SA.2009.

[10] Kimberl.Kight..Fiel.Guid.t.Fabri. Design.C&.Publishing.2011.

[11] Jea.Draper.Stitc.an.Pattern.Batsford.2018.

[12] Len.Corwin.Len.Corwin'.Mad. b.Hand, Stewart.Tabor.an.Chang.2013.

[13] Kristi.Knox.Alexande.McQueen.Geniu. o..Generation.A&.Black.2010.

[14] Maiso.Marti.Margiela.Maiso.Marti. Margiela.Rizzoli.2009.

[15] Pa.Diman.Th.Poetr.o.Fashio.Design. Rockpor.Publishers.2011.

[16] Johanne.Itten.Desig.an.Form.Th.Basi. Cours.a.th.Bauhau.an.Later.Joh.Wile.. Sons, 1975.

[17] Herber.Bayer.Walte.Gropius.Is.Gropius. Bauhaus.1919.1928.th.Museu.o.Moder. Ar.–Ne.York.1938.

[18] Cameli.Christina.Firs.step.t.free–motio. quilting.Stas.Books.2013.

万芳

博士

东华大学服装与艺术设计学院讲师

//////////

长期从事服装设计基础理论及应用实践相关教学。

十余年来，与罗马服装学院(Accademia di Costume e di Moda)、

帕森斯设计学院(Parsons School of Design, The New School)、

巴黎ESMOD高等国际时装设计学院(Ecole Superieure des Aris

et Techniques de la mode)等国际知名服装院校，

进行国际合作教学，

培养了大批优秀设计人才，

获国际国内多项设计奖项。